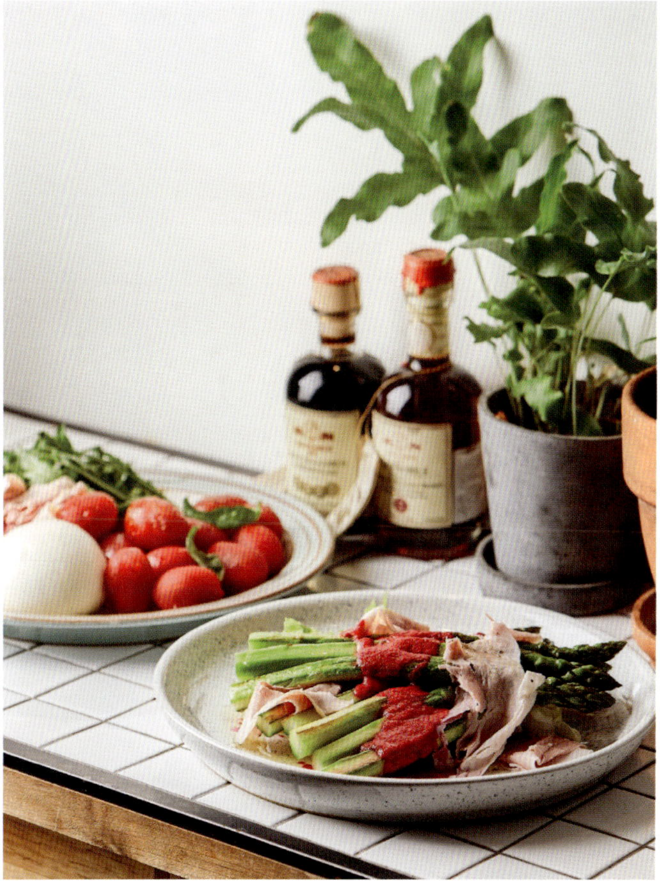

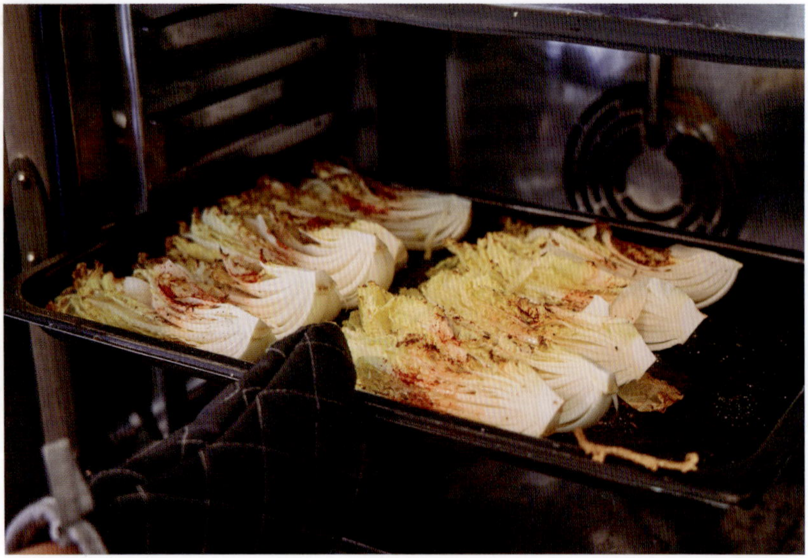

每天都想吃的
正餐沙拉
Delicious Salad Recipe

南 政 錫
——著——

Prologue

「沙拉是我每天的主食，美味又具有飽足感的正餐。」

對我而言，沙拉一直都是「正餐」，早上以簡單的水果與蔬菜為主、中午加上碳水化合物、晚餐則添加蛋白質食材的沙拉，就是營養的一日三餐。然而，多數人依舊認為沙拉是「副餐」，不論多用心、用了多好的食材，沙拉依然脫離不了「再怎麼樣都只不過是沙拉」的身分。也因此，才有了本書的誕生，希望能讓所有人理解，沙拉也是正餐不是減肥餐，而是家常又健康的料理。

當我回答三餐都是吃沙拉時，周圍的人不禁會問：

「做沙拉不會很麻煩嗎？」

為此我思考了許久，雖然不懂為什麼人們會認為做沙拉麻煩，最後我找出了根本的原因，那就是人們心中所想的沙拉與我定義的沙拉概念不太相同。

我最喜歡的沙拉，是將新鮮的綠葉蔬菜略為烘烤後，搭配香料、淋上品質優良橄欖油的簡單沙拉。如果覺得還缺少些什麼的話，可以補充一點蛋白質，

這樣就是一道完美的沙拉，但多數人一提起「沙拉」，通常會聯想到華麗又燦爛的醬汁（dressing）。

醬汁確實是影響沙拉美味程度的關鍵，但並不是所有的沙拉都需要醬汁。希望閱讀本書的讀者們，能夠享受到蔬菜的原味。當然，書中介紹的多數沙拉還是會搭配醬汁，只是醬汁扮演的角色不應掩蓋過沙拉原本的風味，而是襯托著沙拉，讓美味更升級。

第一次閱讀本書時，可以先按照書中提供的食譜做做看，身為廚師、身為沙拉達人，我非常有自信地說：「書中介紹的沙拉都值得一試。」不過還是要再三強調，希望讀者們最終都能擁有一份「自己專屬」的沙拉食譜，現在就開始嘗試吧！

第一，使用當季蔬菜。市場中隨處可見的當季蔬菜是最棒的食材，接下來就要思索如何烹調才會好吃，看要採用生食、烘烤，還是汆燙的料理方式。

第二，搭配哪些食材最適當。蔬菜與蔬菜的組合很棒，也可搭配一些非蔬菜類的水果、穀類、海鮮、肉類等，都是不錯的選擇，只要願意持續嘗試，一定可以發現最美味的料理配方。

第三，尋找適當的醬汁。從最基本的鹽、胡椒、橄欖油、醬油、美乃滋、優格等，都可以搭配看看，有時與其採用華麗的醬汁，還不如加入一大匙香氣四溢的橄欖油，或是同時加入兩種醬汁也可能會更好吃。

透過這些探索的過程，相信讀者們會更懂沙拉，並理解享用沙拉的愉悅。

我深信，良好的健康習慣不是將沙拉當成隨意的一餐，而是視為生活的一部分。所以先跟著食譜做看看，相信就能找出各種蔬菜、食材與醬汁的最佳組合，最後就能創造出獨一無二的沙拉。

南政錫

Contents

002　Prologue__沙拉是我每天的主食，美味又具有飽足感的正餐。

148　Epilogue__讀者們的試作心得

154　Index__食材索引

Chef's guide
正餐沙拉的基本認識

012　什麼是正餐沙拉
014　正餐沙拉食材準備祕訣
030　豐富多變的正餐沙拉醬汁
032　量身訂做正餐沙拉

abc 閱讀指南

a advanced
準備過程有點繁瑣，是值得挑戰的食譜。

b beginner
食材、料理法都很簡單，為初學者所設計的食譜。

c choice
主廚大力推薦的食譜。

本書所有食譜的準則──

☑ **使用標準化測量工具**
- 1杯200ml、1大匙15ml、1小匙5ml為基準。
- 在使用工具測量食材時，以削除表皮後的淨重為主。
- 一般而言湯匙約為12～13ml，比測量用的湯匙（大匙）稍小，所以若使用湯匙則要多放一點。

☑ **蔬菜以常見大小為基準，添加適量的醬汁**
- 小黃瓜、紅蘿蔔、茄子、南瓜、馬鈴薯等，標示數量的蔬菜以一般常見大小為基準，特殊大小則會標示詳細重量。
- 書中完成的醬汁份量相當足夠，請先倒入七成左右，試試味道之後，再依個人口味增加，剩餘的醬汁可以放入冰箱保存，等待下一次使用。

Breakfast & Brunch

Chapter 1_早餐正餐沙拉

036	蘋果香蕉優格沙拉 ⓑ	+ 優格美乃滋醬
038	甜桃芝麻葉沙拉	+ 楓糖義大利醋醬
040	香料番茄沙拉	
042	ABC沙拉	+ 蜂蜜橘子醬
044	小黃瓜馬鈴薯沙拉	+ 酸奶醬
046	德式小馬鈴薯熱沙拉 ⓒ	+ 芥末醬
048	番茄布拉塔沙拉	+ 芥末油醋醬
050	鮪魚番茄沙拉 ⓑ	+ 柑橘醬
052	炒蛋番茄沙拉	
054	涼拌白菜絲沙拉	+ 鳳梨美乃滋醬
056	甘藍綜合蔬菜絲沙拉 ⓐ	+ 檸檬油醬
058	蘆筍火腿沙拉	+ ABC醬
060	小菠菜雞蛋沙拉 ⓒ	+ 烤培根醬

062	鮮蝦花椰菜沙拉	+ 檸檬生薑醬
064	焗烤千層茄子沙拉	+ 番茄羅勒醬
066	栗子南瓜小扁豆沙拉	
068	瑞可塔起司紅蘿蔔沙拉	+ 蜂蜜檸檬醬
070	烤高麗菜沙拉	+ 西班牙紅椒醬（Romesco）

Lunch

Chapter 2_午餐正餐沙拉

074	豆腐全穀沙拉	+ 柚子醬油
076	奶油蝦咖哩沙拉	+ 香菜田園沙拉醬
078	烤蔬菜全穀沙拉	+ 蜂蜜檸檬醬
080	超級食物沙拉 [a]	+ 中東白芝麻醬
082	黑米甜菜根沙拉	+ 義大利醬
084	花椰菜飯沙拉 [c]	+ 檸檬油醬

086	烤甜椒與葡萄扁豆沙拉 ⓐ	
088	大麥菇類沙拉 ⓐ	＋蘿蔔葉青醬
089	雞胸肉古斯米碎沙拉 ⓒ	＋田園沙拉醬
094	亞洲麵條沙拉	＋生薑味噌醬
096	鮮蝦烏龍麵沙拉 ⓑ	＋芝麻美乃滋醬
098	泰式拌米線沙拉	＋泰式花生醬
100	水管麵四季豆沙拉	＋羅勒泥
102	墨西哥玉米義大利麵沙拉	＋墨西哥辣椒優格醬
104	BLT通心麵沙拉	＋千島醬
106	托斯卡納麵包沙拉 ⓑ	＋芥末油醋醬

Dinner

Chapter 3_晚餐正餐沙拉

- 110 蒸蔬菜沙拉 c ＋腰果白醬
- 112 綜合菇拼盤沙拉 b ＋法式芥末醬
- 114 尼斯沙拉 b ＋芥末醬
- 116 炸雞凱薩沙拉 ＋凱薩醬
- 118 雞胸肉甜菜沙拉 a ＋紅酒醬
- 120 葡式辣味雞沙拉 ＋葡式烤雞辣醬（piri piri sauce）
- 122 馬薩拉烤雞沙拉 ＋墨西哥辣椒優格醬
- 124 豬頸肉櫛瓜沙拉 b ＋鳳梨美乃滋醬
- 126 肉丸馬鈴薯沙拉 a ＋田園沙拉醬
- 128 塔可沙拉 ＋美式辣醬（Catalina）
- 130 牛排沙拉 ＋蘿蔔葉青醬

132	英式燒牛肉沙拉	+	鮪魚醬
133	海鮮拼盤沙拉 ⓐ	+	芥末油醬
138	鮭魚塔可飯沙拉	+	番茄莎莎醬
140	明蝦酪梨沙拉	+	蜂蜜優格醬
142	生鮪魚蕎麥麵沙拉	+	柚子醋醬
144	燻鴨黑芝麻沙拉 ⓑ	+	東洋風味醬
146	烤熱狗與酸白菜沙拉		

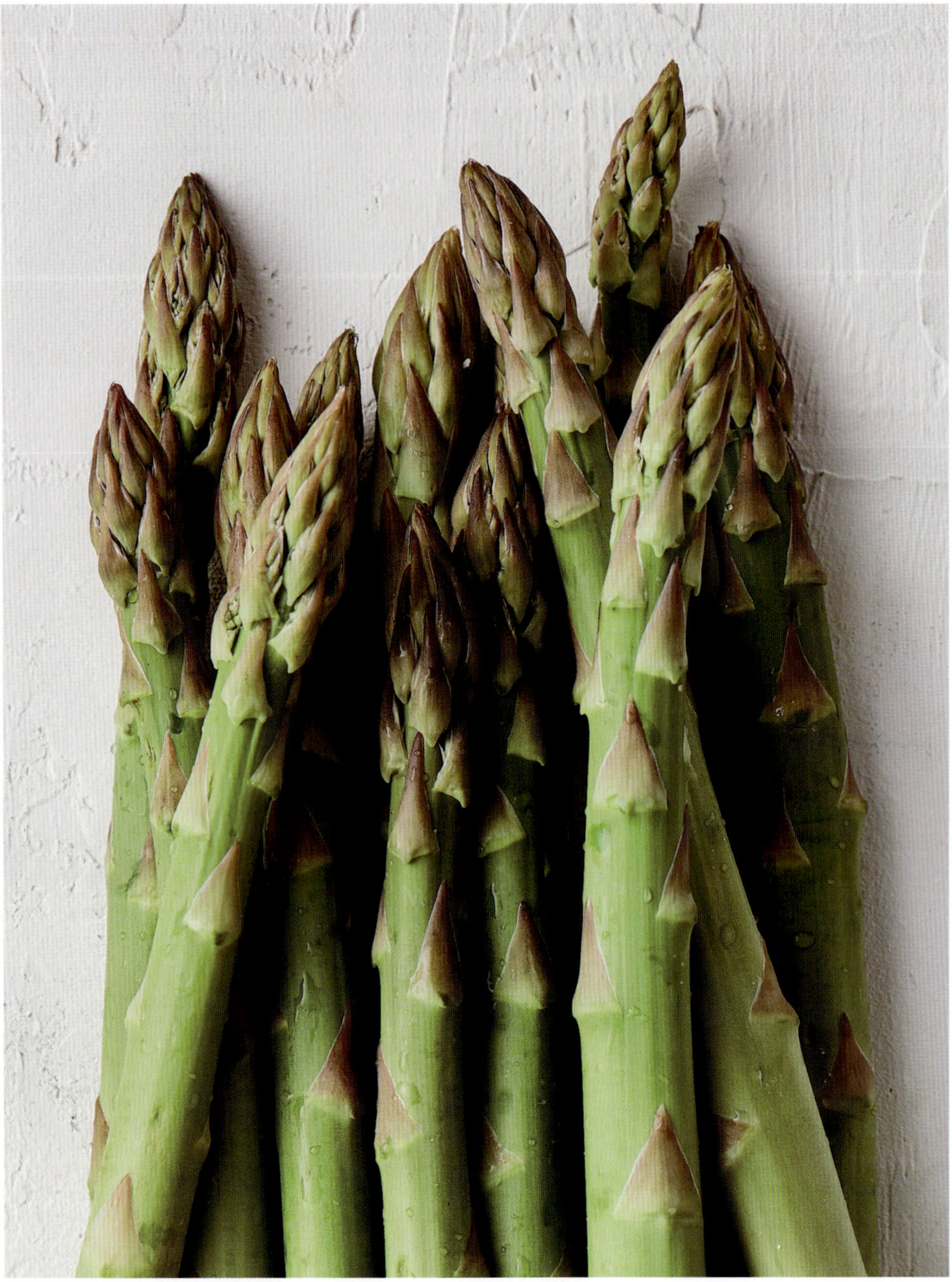

正餐沙拉的基本認識

萵苣、番茄、雞蛋……等，乍看之下好像沒什麼特別，但小小的差異就能做出完美的正餐沙拉。讓主廚帶著你從處理生活常見的食材，到如何製作讓味道更上一層樓的醬汁，完成一道道新鮮又美味的沙拉。

chef's guide

正餐沙拉的基本認識

「什麼是正餐沙拉？」

關鍵在於沙拉不僅僅是減肥時可吃的代餐，而是能夠當成一天三餐，如同「吃正餐」一般享用的料理。

平時吃飯會有各種不同的選擇，考量一天所需的營養與所需熱量，有豆腐、雞蛋、肉類等，或添加各種蛋白質的食材，製作成早餐、午餐、晚餐的正餐沙拉，使用即使每天食用也不會產生負擔的在地食材，並且可以輕鬆完成。

早餐＆早午餐正餐沙拉

忙碌早晨時段，可以快速、簡單地處理食材與料理食物。會挑選偏清爽的口味，搭配一、兩塊現烤麵包就很滿足。

午餐正餐沙拉

一天當中最需要滿滿能量的時刻，全穀米飯或義大利麵等碳水化合物可以增加飽足感，當成便當攜帶也很方便。

晚餐正餐沙拉

從進行體重管理時要吃的簡單沙拉，到媲美豪華料理的肉類或海鮮沙拉，選擇相當多樣，是一頓蛋白質豐盛的晚餐。

「請務必記住！」

❶ 葉菜類食材請事先清洗乾淨、瀝乾水分後放入冰箱

葉菜類事先清洗、瀝乾水分後，放入冰箱可保持新鮮與清脆度，若帶有多餘水分就容易影響與醬汁結合的味道，所以將水分瀝乾是相當重要的關鍵。不推薦使用蔬菜脫水機，因為容易使葉菜受到損傷，也不宜在冷水中浸泡過久。若發現有較多葉片枯萎的情況時，可在水中滴入一點醋，將葉菜放置醋水中5分鐘後，再放入冰箱保存，效果最佳。

❷ 食材與醬汁的溫度須相當

冷食的沙拉與搭配的醬汁也必須是冷的，多數醬汁於完成後，都會放置室溫。以油或美乃滋為基底的醬汁，則會先放入冰箱，欲使用時，先從冰箱取出，在室溫放置約5分鐘後享用最為美味。不過以油為基底的醬汁經過冷藏後，油水會分離，所以記得攪拌均勻後再使用。熱食的沙拉要注意不要將冷熱食材放在一起，這會讓冷的食材失去風味或變熟。

❸ 醬汁多做一點以便活用

醬汁可以一口氣多做一點，畢竟每餐都要重新做的話，是件很麻煩的事。所以一次做大量備用，且若製作的量太少，也可能無法展現醬汁的特色。剩餘的醬汁可以冰入冰箱或運用在其他沙拉上，有時可以混合兩種以上的醬汁，也是一種美味祕訣。（醬汁調和方式請參考P.30）

❹ 熟悉烤箱使用方法會更加方便

相較於使用平底鍋，烤箱更能保留蔬菜的水分，且不像平底鍋需要多次翻面，還可以一次處理大量的蔬菜，相當方便。書中也以使用烤箱為主，若家中沒有烤箱，也可使用氣炸鍋，味道會有些許不同，當然用平底鍋也沒問題。為了方便讀者，會同時標示使用烤箱與平底鍋的作法。

❺ 葉菜類要擺放在最下層

擺盤時，盤底要先放上體積較大但相對輕盈的葉菜類，之後再放上略有重量的其他食材，而油類、辣椒、起司、草本香料等，則在步驟的最後均勻撒上。沙拉的食材中有各種不同色彩，可將每一份食材分別擺放至顯眼的位置，會有絕佳的視覺效果。最後能淋上一、兩圈特級初榨橄欖油，香氣與視覺效果都能再提升。

正餐沙拉食材準備祕訣

為什麼從外面買來的沙拉更好吃?答案出乎意料,主要原因來自於基本食材。沙拉需要鮮脆的蔬菜,使用草本香料則是味道與香氣的關鍵,還有適當的油與醋⋯⋯每一個步驟都是影響鮮甜美味的重點。接著,要介紹完美沙拉所使用的食材準備祕訣。

「葉菜類」

一提起「沙拉」,最先想到的就是沙拉的基本食材。除了常見的萵苣外,還有許多不同特性、顏色、樣貌的葉菜類蔬菜,只要事先仔細整理過,就能隨時做出新鮮可口的沙拉。

蘿蔓　　　　　　　　瑞士甜菜

綜合沙拉 （蘿蔓＋瑞士甜菜＋紫萵苣＋菊苣＋結球萵苣）

考量色澤、風味、價格與大眾的接受度後，精選出這五種葉菜類。
可以準備多一點，放在密閉的保鮮容器後冰入冰箱，日後要準備沙拉時也會更方便，當然也能自行更換使用這五種蔬菜以外的菜類。

1. 切法
將蘿蔓、瑞士甜菜、紫萵苣、菊苣、結球萵苣對切成兩等份，再切成約4cm長的段狀。

2. 清洗
冷水中放入1小匙食醋，將蔬菜浸泡10分鐘後用流水清洗乾淨。食醋能讓葉片保持新鮮，也有殺菌的效果。但若放太多，在冷藏的過程中，蔬菜的品質會變差。

3. 瀝乾水分冷藏
用篩網完全瀝乾水分後，放入保鮮盒中冰入冷藏，就可以隨時吃到新鮮的沙拉。但要注意，若盒中放得太滿，會擠壓到葉片。可在蔬菜上方鋪上一層沾濕的廚房紙巾，能延長保存期。

紫萵苣 　　　菊苣 　　　結球萵苣

萵苣類 （蘿蔓、萵苣、結球萵苣等）

有根的萵苣類以不切為佳,所以先不去除根部,直接清洗後冰入冰箱,料理時再依據用途切成想要的大小即可。

1. 清洗
冷水中放入1小匙食醋,浸泡約10分鐘,有時葉片間會有菜蟲或泥土,所以用流水清洗時,要將葉片之間掀開仔細清洗。

2. 瀝乾水分
用篩網將多餘水分完全瀝乾。

3. 冰入冰箱
放入保鮮盒中冰入冷藏。擺放時不要壓到葉片,中間預留一點空隙。也能使用較輕的蓋子覆蓋。

嫩葉菜類&草本香料類 （微菜苗、芝麻葉、草本香料等）

嫩葉類容易被壓爛或受到損傷,所以動作必須更輕柔。清洗時也不要浸泡太久,清水沖洗時,水流不宜太強。請注意若冰入冰箱保存時,如有多餘水分,容易結凍。

1. 清洗
冷水中放入1小匙食醋,浸泡約10分鐘,用最小的水流輕柔地沖洗。

2. 瀝乾水分
用篩網將多餘水分完全瀝乾。

3. 冰入冰箱
放入保鮮盒中冰入冷藏。擺放時不要壓到葉片,中間預留一點空隙,並在最上方蓋上沾濕的廚房紙巾。

香芹

西式料理中，經常在最後的步驟添加香芹以增添香氣，或使用香芹調和主食材與副食材的風味。香芹有形狀彎曲的荷蘭香芹與義大利香芹，兩種香芹的香味與口感不同，所以可交替使用。荷蘭香芹多用於裝飾，若需要提味與提香時，則是義大利香芹較為適合。

1. 清洗後瀝乾水分
冷水浸泡約10分鐘，摘下葉子部分放在廚房紙巾上瀝乾水分後，直接放入冷藏約1小時，不僅可以吸乾水分，也能讓蔬菜保持鮮脆度。但要注意，若放置過久也會乾枯。

2. 切法
瀝乾水分後的香芹，此時如圖中堆放成一團為佳，不需要搗碎。參考圖中分區格狀切碎，就不容易結塊或產生變質，可以使用久一點。

3. 冰入冰箱
密閉容器底部鋪上一層沾濕的廚房紙巾，再放上香芹，可冷藏約三至四天左右。

荷蘭香芹

義大利香芹

TIP

代替香料
可用搗碎香芹代替香料，一樣能散發香氣。若使用曬乾的香料，風味會遞減，所以當手邊沒有新鮮香料時，可以芹菜取代或省略。也可用乾燥香料代替新鮮香料。

「番茄」

　　番茄不論是從口味、色澤或營養來說，都是沙拉最常使用的食材之一。有牛番茄、黑柿番茄、彩色番茄、原種番茄、聖女番茄等不同種類，可依不同的料理方式來挑選適合的品種。

煎炒與烘烤

大番茄切成適當大小，小番茄則對切成兩等份烘烤。烤到番茄皮破裂，色澤也更加鮮豔時為佳。

1. **以平底鍋煎炒**
   用廚房紙巾擦乾番茄水分。在平底鍋放入食用油後，加鹽翻炒直到變色，再用大火翻炒1～2分鐘。請注意，若用小火的話水分容易流失，吃起來口感會過軟。

2. **使用烤箱或氣炸鍋烘烤**
   在番茄上撒點鹽與胡椒粉，淋上1～3大匙特級初榨橄欖油後，放入預熱200℃的烤箱或氣炸鍋烘烤10分鐘左右。

乾燥

用食物乾燥機或烤箱烘乾，不另外添加調味料進行烘乾的話，表面較為乾燥可保存較久；但若有添加其他天然調味料，味道則會更有層次。

1. 將番茄切成喜歡的大小，若要調味的話，可以撒上一點鹽、胡椒粉、草本香料（推薦百里香）、特級初榨橄欖油，同時可依據番茄的甜度添加一點砂糖。

2. 以3～4cm左右的小番茄為基準，烤箱以100℃烤90分鐘、食物乾燥機設定60℃烘烤6～8小時。可依據番茄的大小調整時間。

汆燙後去皮

去皮後的番茄口感偏軟嫩。汆燙後較容易去皮，不過汆燙後需馬上浸泡在冰水裡，才能防止過軟。

1. 可用刀鋒或牙籤在小番茄上刺兩、三個洞，在大番茄上劃一個十字。

2. 滾水中放入番茄，等皮裂開後，請馬上撈起。

3. 浸泡在冰水中，直到完全冷卻後再用手將皮撕下。

醃漬

汆燙後的小番茄可依個人喜好添加砂糖、果糖、鹽、食醋、草本香料等，放入瓶中能保存較長時間。醃漬時，番茄本身會出水，所以不需要額外加水。

1. 小番茄汆燙後去皮（參考第P.19）。

2. 將小番茄放入消毒後的玻璃瓶，倒入砂糖至蓋過小番茄後，再放入檸檬片與些許羅勒。

   ＊因為番茄會出水，所以不須擔心砂糖加太多會太甜。

TIP
消毒瓶子
玻璃瓶放入滾水中，煮約1分鐘左右，倒扣放置待水分晾乾或放入200℃的烤箱2～3分鐘進行殺菌。

法式油封番茄（Tomato Confit）

油封，通常是指肉類與油品一同在低溫環境下漸漸熟成的料理法。在做番茄類蔬菜的油封時，是將油品、草本香料與辛香料一同放入蔬菜中，再放入烤箱或平底鍋慢慢加熱熟成。在沙拉料理中，可以搭配麵包或起司一同食用，美味加倍。

1. 烤盤放入20顆小番茄、大蒜5片、橄欖油1杯、鹽1小匙、胡椒粉1/2小匙、百里香或少許羅勒。

2. 將烤箱預熱180℃，放入番茄烘烤約15～20分鐘，直到熟透。取出放涼後，再裝入消毒過的玻璃瓶即完成。

「紫洋蔥」

　　書中較常使用紫洋蔥而非一般洋蔥。紫洋蔥比一般洋蔥鮮甜、色澤也更漂亮，在視覺上具有亮點。沒有紫洋蔥的話，使用一般洋蔥也沒問題。

1. 切法
逆紋對半切開，再切成絲狀。若難以用刀切成絲的話，可使用刨絲器輔助。這邊要注意，如果洋蔥不夠硬或是刀子不夠利時，容易切到手。

2. 泡水
冷水浸泡5分鐘左右，不僅可以除去嗆辣味，更可以保留爽脆的口感。

「雞 蛋」

在容易缺乏蛋白質的沙拉食譜中，雞蛋是最容易取得蛋白質的食材。太陽蛋、荷包蛋可以刺破蛋黃，當成沾醬享用；也可搭配炒蛋或水煮蛋，務必使用新鮮的雞蛋才能做出漂亮的蛋料理。

水波蛋

水波蛋是將雞蛋放入滾水中燙熟的料理法，蛋白凝固、蛋黃較生，就可以將蛋黃刺破當成沾醬。要準備好幾個水波蛋時，不能同時煮，必須一個個分開水煮。

1. 將雞蛋打入碗中。

2. 鍋中放入5杯水、1小匙鹽、1大匙食醋。開中火至水滾，直到溫度到達75～80℃（還未到沸騰，但已經產生熱氣），將雞蛋從碗的一側緩緩倒入鍋中。

3. 待2分30秒左右煮熟後，小心撈起，放在廚房紙巾上瀝乾水分，此時要小心，不要弄破蛋黃。

＊煮熟時間可依據個人喜好調整，撈起時，使用小的篩網或有洞的湯匙較為方便。

太陽蛋

圓圓的蛋黃就像太陽一樣,以小火慢慢煎熟,就可以完成蛋白表面乾淨、蛋黃沒有破掉的漂亮太陽蛋。

1. 平底鍋中倒入2〜3大匙食用油,轉中火熱鍋1分鐘,將雞蛋小心打入鍋中,在蛋白擴散、雞蛋全熟之前,盡快以鍋鏟整成圓形。

2. 轉小火煎3〜4分鐘。
   ＊蓋上鍋蓋表面會更熟得更快,此時火開太大的話,蛋白容易產生氣泡,所以須以小火持續煎熟。

炒蛋

想炒出柔嫩的炒蛋,就必須注意時間與火侯的大小。炒熟後要盡快盛起,避免餘溫過度加熱。

1. 將3顆雞蛋打入碗中,攪拌均勻,用篩網過濾繫帶。

2. 平底鍋加入各1大匙的奶油、特級初榨橄欖油,轉中火至奶油融化後倒入蛋液。待呈現半熟狀態時,用筷子輕輕翻炒約1分鐘。

3. 關火後,放入鮮奶油與蒔蘿(可省略)略為拌炒。待蛋液凝固至七八分熟,保留滑嫩度與水分,即可盛盤。

白煮蛋

從冰箱取出雞蛋在室溫放置半天，可避免因溫度驟變而導致破裂。但若想快點烹煮的話，務必注意要將冷的雞蛋先放入溫水，煮熟後馬上放入冷水中，會使雞蛋收縮，蛋殼內層會產生空氣，即可輕鬆地剝除蛋殼。

1. 先將雞蛋一顆顆放入湯鍋中，再緩緩加水至蓋過雞蛋，此時添加1/2小匙鹽、1小匙食醋，可防止雞蛋爆裂後蛋液四處流散。

2. 轉大火至水滾為止，持續將雞蛋朝同個方向攪動。待水滾後轉中火，半熟需煮6分鐘、全熟則是煮12分鐘。
   ＊在雞蛋全熟前滾動，可讓蛋黃回到中間位置。

3. 撈起雞蛋放入流水冷卻，之後浸泡於冷水中，待熱氣完全散去後，冰入冰箱約1～2小時左右，蛋殼會更好剝。

半熟 6分鐘
若想享用濕潤、滑嫩口感的雞蛋？

全熟 12分鐘
全熟後，更適合運用在料理上！

「堅果類」

核桃、胡桃、杏仁等常做為沙拉配料,開封後與空氣接觸會產生獨特的香味,使用前先烤過為佳。

1. **以平底鍋乾烤**
   不添加食用油,以中火乾烤3~5分鐘。

2. **烤箱或氣炸鍋烘烤**
   放入預熱160℃的烤箱,或氣炸鍋烤4~5分鐘。

「食 醋」

本書食譜會使用以下幾種不同的食醋,也可以彼此替代,且避免酸度高的濃縮兩倍醋。

1. **白酒醋**
   書中最常用的食醋,清爽口味與適當的酸度,適合多數沙拉,推薦家中一定要準備一瓶。

2. **紅酒醋**
   紅酒發酵後製作的醋,適合與味道較為強烈的副食材一起享用。

3. **香檳醋**
   香檳發酵製成的醋,有著溫順的香甜及酸度,可使用在整體感較為高級的沙拉食譜上。

4. **義大利香醋**
   葡萄熟成後製作的醋,常用於義大利料理,帶有酸甜口感,適合搭配品質好的特級初榨橄欖油。

5. **柿子醋**
   通常運用在韓式與日式料理中,相較於其他食醋,酸度偏低,可在想食用低酸度沙拉時使用。

6. **釀造醋**
   以米、麥、穀類等為原料發酵製作的酒醪,經過醋酸發酵而成的一般醋。若加入水果原液,就能製成水果醋。

「麵包丁＆麵包乾」

原意為「麵包外殼」的「croûton（麵包丁）」，是將麵包切成塊狀經過烘烤與酥炸程序製成；而「rusk（麵包乾）」是將一般麵包調味後，再進行烘烤。在沙拉上放點麵包丁與麵包乾，會增添酥脆口感與飽足感，可以讓沙拉風味更上一層樓。

麵包丁

可以當成沙拉或湯品的配料，運用吃剩的麵包製作，黑麥麵包或法棍這類口感較硬的麵包不要烤太久；吐司類則可烤至金黃酥脆。

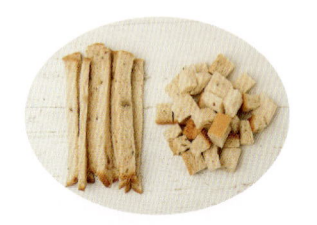

1. 將酥脆的麵包切成長條薄片狀；偏柔軟的麵包則切成較大的丁狀。

2. 平底鍋放入食用油或奶油，轉中火煎烤麵包。酥脆麵包約3分鐘，軟麵包需要6分鐘。用烤箱或氣炸鍋烤時，可以淋上一點特級初榨橄欖油，放入預熱160℃的烤箱中，酥脆麵包烤3～4分鐘、軟麵包烤8～10分鐘。

香料麵包乾

適合用布里歐或吐司製作，相較於麵包內口感柔軟的部分，酥脆的兩側邊緣烤起來會更美味。沒有布里歐麵包的話，使用一般的吐司邊製作也沒問題。

1. 將布里歐或吐司邊切成適當大小，撒點辣椒粉（可省略）、薑黃粉（或咖哩粉）、鹽、奧勒岡（dried oregano）、特級初榨橄欖油，可依個人喜好添加砂糖、蜂蜜或果糖等。

2. 放入預熱160℃的烤箱或氣炸鍋，烤到變成褐色為止，約10～15分鐘。若用平底鍋乾烤，一次只能烤一面，且必須持續翻面，建議還是用烤箱或氣炸鍋為佳。

TIP
用香料麵包乾做出烤麵包屑
將香料麵包乾放入食物調理機中磨碎，就變成烤麵包屑。可以當成配料撒在料理或沙拉上，十分美味。

「全穀飯」

多種穀類混合而成的米飯，可以增添沙拉的味道，也能顧及口感、營養與飽足感，可任意用其他不同的穀類代替，冷藏保存三到四天、冷凍一個月左右。

食材（約3～4次份）

- 糙米⋯1杯
- 高粱⋯1/2杯
- 燕麥⋯1/2杯
- 鷹嘴豆⋯1/2杯
- 檸檬⋯1/2顆
- 砂糖⋯1小匙
- 鹽⋯1/2小匙
- 水⋯2杯（400ml）

1. 在碗中放入糙米、高粱、燕麥、鷹嘴豆，倒入與穀物等高的水量，浸泡約20分鐘。
   ＊鷹嘴豆浸泡1小時會更軟。

2. 浸泡過的穀物用篩網瀝乾水分。

3. 將所有食材都放入鍋中，蓋上鍋蓋用大火煮滾。水滾後，轉小火再煮20分鐘，關火後燜10分鐘。

TIP
用壓力鍋
用壓力鍋製作時，水的份量可以減少為1又1/2杯（300ml）。用電子壓力鍋煮飯時，請選擇白米飯模式（一般炊飯），這樣煮出來的米飯鬆軟又有嚼勁，非常適合做沙拉。

「法式紅蘿蔔絲」

做法簡單,不僅適合裝飾擺盤,也可直接當成簡單沙拉食用。隨著刨絲器刨出的粗細不同,味道與口感也會有所差異,請試著找出自己喜愛的口感。

食材(約2〜3次份)

・紅蘿蔔…1根
・砂糖…1大匙
・檸檬汁…1大匙
・特級初榨橄欖油…1大匙
・鹽…1小匙
・橘子汁…1/4杯(50ml)
・胡椒粉…少許

1. 用菜刀或刨絲器將紅蘿蔔切成絲。

2. 將所有食材放入碗中,攪拌均勻後即可食用;也可稍微醃漬後食用。

＊若加入一些搗碎的香芹或乾燥草本香料,會更加美味。

豐富多變的正餐沙拉醬汁

為了讓大家都能學會主廚獨家的正餐沙拉醬汁，以下將醬汁分成四大類，可依據個人喜好與食材，靈活搭配於每日的正餐沙拉上。

▶ **橄欖油與食醋**完成清爽口感的醬汁

算是所有醬汁中最基本也最簡單的醬汁，味道不會太過濃郁，且因採用品質優良的橄欖油與食醋，能帶出沙拉的口感，大力推薦於減肥時期享用。

| 楓糖義大利醋醬（P.39） | 蜂蜜橘子醬（P.43） | 芥末醬（P.47） | 芥末油醋醬（P.49） | 柑橘醬（P.51） | 檸檬油醬（P.57） |

| 番茄羅勒醬（P.65） | 蜂蜜檸檬醬（P.69） | 義大利醬（P.83） | 法式芥末醬（P.113） | 紅酒醬（P.119） | 美式辣醬（P.129） |

▶ **水果或優格**完成清新香甜的醬汁

最受孩子們歡迎的醬汁，用水果或優格為基底的口味，吃起來酸酸甜甜，缺點是賞味期限較短，建議在三、四天內完食。也很適合搭配肉類沙拉。

| 優格美乃滋醬（P.37） |  鳳梨美乃滋醬（P.55） |  ABC醬（P.59） |  檸檬生薑醬（P.63） |  墨西哥辣椒優格醬（P.103） |  蜂蜜優格醬（P.141） |

▶ 美乃滋或奶油 完成濃郁又滑順的醬汁

男女老少都非常喜歡的醬汁。相較於嫩葉蔬菜類，搭配較有嚼勁的食材會更顯美味。

| 酸奶醬（P.45） | 香菜田園沙拉醬（P.77） | 蘿蔔葉青醬（P.90） | 田園沙拉醬（P.92） | 泰式花生醬（P.99） |

| 羅勒泥（P.101） | 千島醬（P.105） | 腰果白醬（P.111） | 凱薩醬（P.117） | 鮪魚醬（P.134） |

▶ 醬油或柚子蜜 完成熟悉的東洋風味醬汁

和亞洲料理極為搭配的醬汁，加上這款醬汁的沙拉可以作為配菜享用，適合與汆燙或蒸過的蔬菜類搭配。

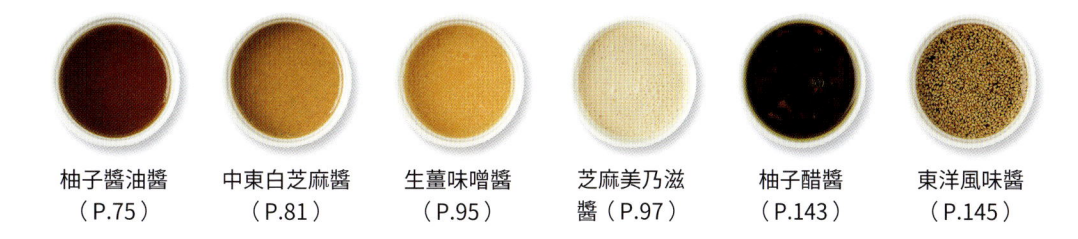

| 柚子醬油醬（P.75） | 中東白芝麻醬（P.81） | 生薑味噌醬（P.95） | 芝麻美乃滋醬（P.97） | 柚子醋醬（P.143） | 東洋風味醬（P.145） |

TIP

醬汁調和

將兩種以上的醬汁混合在一起，更能突顯沙拉的美味。舉例來說，在蘿蔓葉先淋上濃稠的凱薩醬，再淋上油醬，油醬會滲入蘿蔓的葉子，會更加好吃。

範例：

(凱薩醬 P.117) + (芥末油醋醬 P.49)

(田園沙拉醬 P.92) + (蜂蜜橘子醬 P.43)

量身訂做正餐沙拉

本書的最終目標,是希望大家都能做出自己專屬的沙拉!首先,打開家中冰箱,找出最喜歡的食材,接著依據下列清單,尋找適合搭配的蔬果類副食材。

舉例來說,如果家中有現成的雞胸肉,可以思考雞胸肉能搭配哪種蔬菜、哪種堅果類、哪種水果,如果有平時就十分偏愛的口味或食物,那麼就會更明確知道需要什麼。

參考下列食譜自行找出可替換的食材,活用這些材料。

Base 基本葉菜類		蘿蔓、萵苣、結球萵苣、菊苣、綠橡生菜(Oak leaf)、羽衣甘藍(Kale)、紫萵苣、牛皮菜、菠菜、芝麻葉、小白菜、高麗菜、大白菜、各種嫩葉蔬菜等。
Extra Vegetable 追加蔬菜		清爽口感的蔬果 番茄、小黃瓜、甜椒、茄子、櫛瓜、夏南瓜等。
		口感較特殊的根莖類&澱粉類蔬菜 甜菜根、紅蘿蔔、馬鈴薯、地瓜、南瓜、芥藍菜、白蘿蔔、蓮藕、山藥等。
		可增添不同風味與口感的其他蔬菜 洋蔥、橄欖、綠花椰菜、白花椰菜、蘆筍、四季豆、芹菜、芹菜根等。
		口感充滿彈性的菇類 蘑菇、金針菇、香菇、秀珍菇、杏鮑菇等。
Fruit 水果		酪梨、蘋果、香蕉、水梨、水蜜桃、李子、杏桃、奇異果、無花果、草莓、覆盆莓、葡萄、藍莓、柑橘、柳橙、葡萄柚、香瓜、西瓜、哈密瓜等。

Carbohydrate 碳水化合物食材		穀物 糙米、大麥、燕麥、藜麥、高拉山小麥、蕎麥、薏仁、高粱、玉米、古斯米。
		義大利麵與麵 螺旋狀義大利麵、筆管麵、水管麵、通心麵、義大利直麵、烏龍麵、蕎麥麵、越南米線、素麵、蒟蒻麵等。
Protein 蛋白質食材		豆類與豆製品 鷹嘴豆、扁豆、青豆、碗豆、黃豆、綠豆、黑豆、豆腐等。
		海鮮 蝦子、鮭魚、魷魚、干貝、淡菜、蟹肉、龍蝦。
		肉類與肉製品 雞肉、豬肉、牛肉、羊肉、鴨肉、雞蛋、義大利帕瑪火腿、火腿、西班牙塞拉諾火腿、培根、熱狗等。
Topping 配料		增添味道與口感的堅果類、種子類、果乾 胡桃、核桃、杏仁、花生、腰果、夏威夷果、榛子、葵花子、南瓜種子、無花果乾、李子乾、芒果乾、葡萄乾、蔓越莓乾等。
		增添蛋白質與濃郁風味的起司 帕達諾起司、帕馬森起司、切達起司、莫札瑞拉起司、瑞可塔、菲達起司、戈貢佐拉起司、瑞士起司、豪達起司、奶油乳酪、馬斯卡彭起司、布拉塔起司、莫札瑞拉起司球等。
Herb 草本香料		香芹、羅勒、蒔蘿、蘋果薄荷、百里香、香菜等。
Dressing 醬汁		油醬、水果醬、優格醬、美乃滋醬、醬油等。

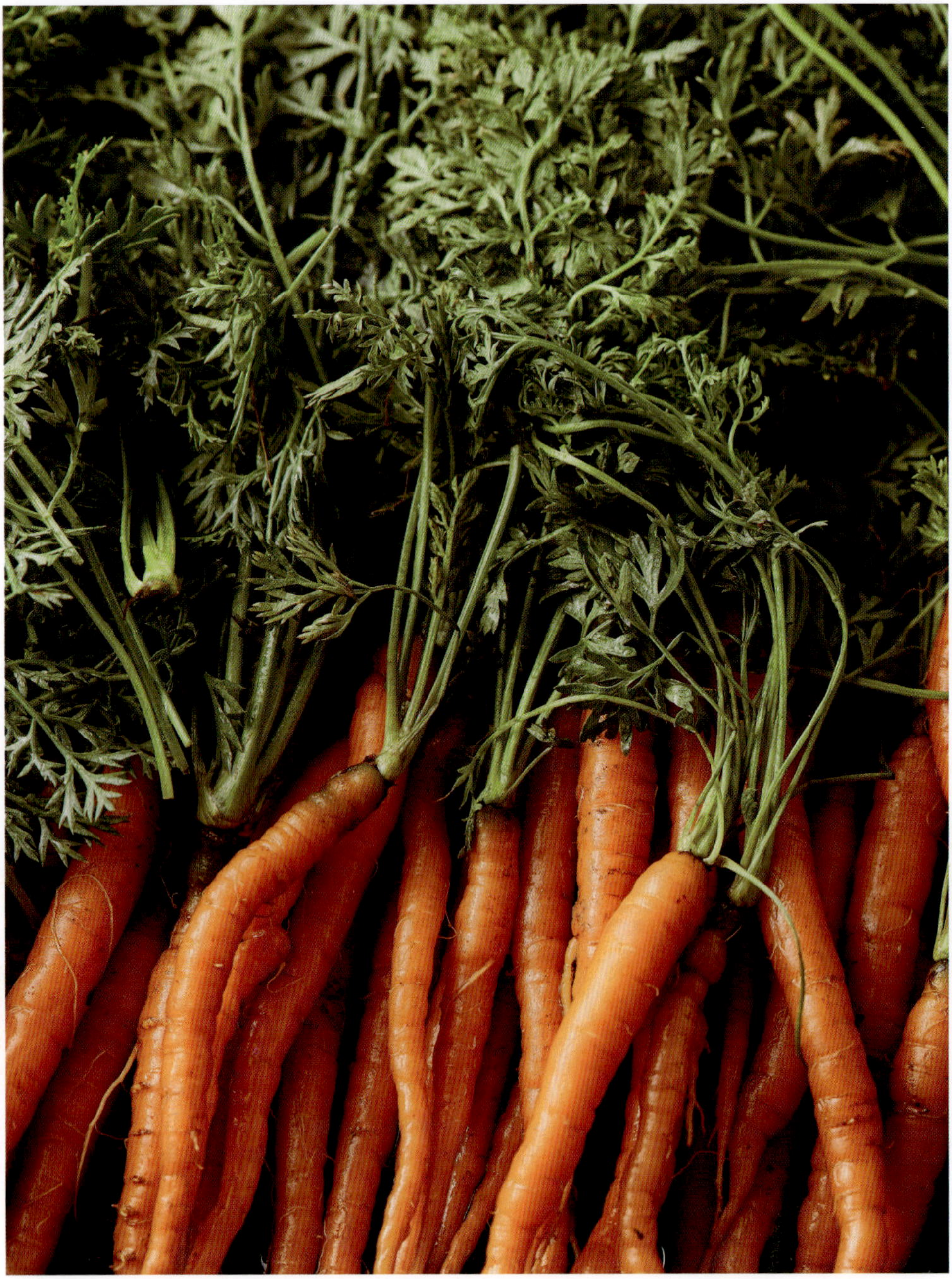

Chapter 1

早餐正餐沙拉

這章介紹的是迎接美好早晨的爽口沙拉，食材與料理方法都非常簡單，適合作為匆忙早晨的餐點，加上一、兩片麵包，即可擁有飽足感。

前一晚提前準備好食材與醬汁，早上起床後就能游刃有餘的進行料理。

Breakfast
&
Brunch

蘋果香蕉
優格沙拉

優格美乃滋醬

忙碌的早晨,也能輕鬆、快速做出的超簡單沙拉。放入切塊的蘋果,能凸顯沙拉的風味、擺盤也更加漂亮,將平時吃起來很單調的蘋果與香蕉搭配,可以提升沙拉的香氣與口感,若不喜歡的話則可省略。

醬汁作法　　優格美乃滋醬

- 優格…1杯（200ml）
- 美乃滋…4大匙
- 蜂蜜…1大匙（或果糖、龍舌蘭糖漿）
- 鹽…1/2小匙
- 胡椒粉…少許

→ 將所有食材放入碗中攪拌均勻。

沙拉作法　　2～3人份｜10～15分鐘

- 蘋果…2顆
- 香蕉…2根
- 芹菜…20cm
- 核桃…2大匙（或其他堅果類、麥片、穀麥）
- 蘋果薄荷…4～5片（或其他嫩葉蔬菜，可省略）
- 特級初榨純橄欖油…少許

1. 將蘋果帶皮切成塊狀；香蕉也切成相同大小。
2. 芹菜切成約1.5cm大小段狀。
3. 蘋果、香蕉、芹菜、核桃與醬汁輕輕攪拌後，盛入碗中。
   ＊請注意，過度攪拌會使水果出水。
4. 撕點蘋果薄荷葉撒在沙拉上，並淋上特級初榨純橄欖油，即完成。

甜桃芝麻葉沙拉

楓糖義大利醋醬

這是一道炎炎夏日一定要做來吃的沙拉。甜桃的口感軟硬適中，脆甜可口，與香氣十足的沙拉食材相當搭配，也可嘗試使用當季水果，春天用草莓、秋天用無花果等。

醬汁作法 ─ 楓糖義大利醋醬

- 楓糖漿…1大匙～1又1/2大匙
- 義大利香醋…1又1/2大匙
- 法式芥末醬…1/2大匙
- 特級初榨橄欖油…3大匙
- 鹽…1/4小匙
- 胡椒粉…少許

→ 將所有食材放入碗中攪拌均勻。

沙拉作法 ─ 2人份 | 10～15分鐘

- 甜桃…4到5顆（或草莓、無花果等當季水果500～600g）
- 芝麻葉…約2把（或其他葉菜類90g）
- 胡桃…1/4杯（或其他堅果類、穀麥）

1. 將甜桃洗淨，切成片狀。
2. 芝麻葉以冷水沖洗乾淨，用篩網將水分瀝乾。
3. 所有食材放入碗中，均勻地淋上醬汁，即完成。

＊可以撒點瑞可塔起司或帕馬森起司粉。

Chapter1 ─ 早餐正餐沙拉

香料番茄沙拉

> TIP
>
> **使用香料**
> 可以自己喜歡的香料取代食譜中的香料，只選用單一香料也沒問題。
>
> **添加甜味**
> 加入少量蜂蜜、果糖、龍舌蘭糖漿或砂糖等，大幅提升料理的鮮味。

將食材切成薄片的薄切風格沙拉，採用的是未經過人工改良的「原種番茄（heirloom tomato）＊」。由於其樣貌與色澤都不相同，所以做成沙拉時，色彩視覺效果極佳。沒有原種番茄的話，也可使用全熟番茄或大小適中的雜種番茄。

| 沙拉作法 | 2～3人份 ｜ 10～15分鐘 |

- 原種番茄…約8到10顆（或其他番茄350～400g）
- 紫洋蔥…1/2顆（或洋蔥）
- 羅勒…8片
- 蘋果薄荷…1/2大匙
- 蒔蘿…1大匙
- 鹽…少許
- 胡椒粉…少許
- 白酒醋…3大匙（或其他食醋）
- 特級初榨橄欖油…6大匙

1. 將紫洋蔥、羅勒、蘋果薄荷、蒔蘿搗成碎丁。
2. 番茄橫向切成0.5～1cm的薄片。
3. 取一平盤，鋪上番茄，將步驟1的香料、紫洋蔥丁、鹽與胡椒粉撒在番茄上。
4. 均勻地淋上白酒醋與特級初榨橄欖油，即完成。

*heirloom tomato 是農夫以種子世代相傳，沒有與其他品種交配或改良基因的純種番茄。其特徵是有個性的外型與彩虹般多采多姿的顏色，可以在網路商店或百貨公司購買。

ABC沙拉

蜂蜜橘子醬

ABC果汁的沙拉版本,使用對身體有益的蘋果(Apple)、甜菜根(Beet)、紅蘿蔔(Carrot)做出更美味的沙拉,可添加蔓越莓與核桃等,讓口感與香氣產生不同變化。蘋果、甜菜根與紅蘿蔔的量可依據喜好調整。

醬汁作法 — 蜂蜜橘子醬

- 蜂蜜…1大匙（或果糖、龍舌蘭糖漿）
- 橘子汁…2大匙
- 蘋果醋…1大匙（或其他食醋）
- 鹽…1小匙
- 胡椒粉…少許

→ 將所有食材放入碗中攪拌均勻。

沙拉作法 — 2～3人份｜10～15分鐘

- 蘋果…1顆
- 羽衣甘藍…3片（或其他葉菜類）
- 甜菜根…1/2顆（200g）
- 紅蘿蔔…1/2顆（100g）
- 核桃…3大匙（或其他堅果類）
- 蔓越莓乾…2大匙（或其他乾莓類）

1. 蘋果洗淨，連皮切成0.3cm的薄片狀。
2. 羽衣甘藍、甜菜根與紅蘿蔔，也切成相同大小的長條狀。
3. 取出核桃，用手對分成一半。
4. 將所有食材與醬汁輕拌，盛入碗中即完成。

＊可當成餡料夾入全麥麵包或法國麵包內，做成三明治。

Chapter1_早餐正餐沙拉

小黃瓜
馬鈴薯沙拉

酸奶醬

口感酥脆的小黃瓜與綿密的馬鈴薯，是沙拉中常見的完美組合，簡簡單單就能備好的輕盈早餐沙拉。若再加上小餐包或吐司一起享用，會更有飽足感。

醬汁作法 — 酸奶醬

- 酸奶油…4大匙（或濃稠的希臘優格）
- 美乃滋…4大匙
- 檸檬汁…1大匙
- 砂糖…1大匙
- 鹽…1小匙
- 胡椒粉…少許

→ 將所有食材放入碗中攪拌均勻。

沙拉作法　2～3人份｜30～40分鐘

- 馬鈴薯…2個（400g）
- 小黃瓜…1條（200g）
- 雞蛋…2顆

1. 馬鈴薯去皮後，切成2～2.5cm的塊狀。
2. 起一湯鍋，放入馬鈴薯，將水倒入淹過馬鈴薯的高度，放入鹽（1小匙），開大火，待水滾後轉中火滾約15～18分鐘，等馬鈴薯煮熟後，用篩網將水分瀝乾。
   ＊請留意水煮的時間，不要讓馬鈴薯過熟易碎或不熟過硬。
3. 鍋中放入水、鹽、食醋與雞蛋，開大火，待水滾後轉中火，雞蛋全熟需12分鐘，利用冷水降溫後，剝去蛋殼，再切成片狀（參考P.24）。
4. 小黃瓜切成0.2cm的薄片，撒一小匙鹽，醃漬5分鐘後，用手擠出多餘水分。
5. 將所有食材與醬汁輕拌，盛入碗中，即完成。

德式小馬鈴薯熱沙拉

芥末醬

培根加上芥末醬,就是標準的德式馬鈴薯沙拉組合,儘管熱熱吃很美味,但冷卻後吃也別具風味。份量可以多做一些,早餐時吃暖呼呼的熱沙拉、晚餐時吃清爽的冷沙拉。

醬汁作法 — 芥末醬

- 第戎芥末醬…1大匙
- 法式芥末醬…2大匙
- 白酒醋…2大匙（或其他食醋）
- 特級初榨橄欖油…2大匙
- 砂糖…2大匙
- 胡椒粉…少許

→ 將所有食材放入碗中攪拌均勻。

＊第戎芥末醬可以平衡整體口感，法式芥末醬則是越咀嚼越有味，所以推薦將兩種芥末醬混合。若僅使用其中一種，可用等量的方式取代。

沙拉作法 2～3人份｜30～35分鐘

- 白玉馬鈴薯…20～50顆（或馬鈴薯3顆約600g）
- 洋蔥…1顆
- 培根…6片
- 義大利香芹…少許（或芹菜葉）

1. 將白玉馬鈴薯用刷子刷洗乾淨，帶皮對切成兩半。
2. 起一湯鍋，放入白玉馬鈴薯，將水倒入淹過馬鈴薯的高度，放入鹽（1小匙）開大火，待水滾後轉中火。約15～18分鐘，待馬鈴薯熟了，用篩網將水分瀝乾。
   ＊馬鈴薯避免用大火水煮，水滾後將火轉弱慢慢煮，以確保馬鈴薯不會破裂且內外都有煮熟。
3. 搗碎洋蔥與義大利香芹；將培根切成長條狀。
4. 將平底鍋加熱，放入培根轉中火炒3～4分鐘至變色為止，再放入搗碎的洋蔥拌炒2分鐘。
5. 將所有食材與醬汁輕拌，撒上義大利香芹，盛入碗中，即完成。

Chapter1_早餐正餐沙拉

番茄布拉塔沙拉

芥末油醋醬

去皮的番茄會吸收醬汁，吃起來口感相當順口。布拉塔起司是莫札瑞拉起司加上奶油，屬於口感柔軟的起司。將布拉塔起司切一半，自然融化後，可以沾著與其他食材一起食用。

醬汁作法 — 芥末油醋醬

- 第戎芥末醬…1小匙
- 鹽…1小匙
- 砂糖…1大匙
- 蜂蜜…1大匙（或果糖、龍舌蘭糖漿）
- 白酒醋…1大匙（或其他食醋）
- 檸檬汁…1大匙
- 特級初榨橄欖油…3大匙
- 奧勒岡…1/4小匙（可省略）

→ 將所有食材放入碗中攪拌均勻。

沙拉作法 | 2人份 | 15～20分鐘

- 小番茄…25顆
- 布拉塔起司…1顆（或生莫札瑞拉起司120g）
- 火腿…2～3片
  （或義大利帕瑪火腿、西班牙塞拉諾火腿等生火腿30g）
- 芝麻葉…1把（或其他葉菜類60g）
- 羅勒…3～4片（可省略）

1. 小番茄洗淨去蒂，用牙籤插出幾個小洞；芝麻葉用流水洗淨備用。
2. 起一湯鍋，倒入可淹過小番茄高度的水，待水滾後放入小番茄，燙約30秒～1分鐘，小番茄皮微微脫落時撈起。泡入冷水中，並用手撥去小番茄皮。
3. 將所有食材盛入深盤中，並淋上醬汁，即完成。

Chapter1 — 早餐正餐沙拉

49

鮪魚番茄沙拉

柑橘醬

用鮪魚、小黃瓜、橄欖油，完成一道充滿地中海風情的沙拉。罐頭鮪魚是容易取得的蛋白質來源，但一次不要做太多，這道沙拉適合現做現吃，製作時控制在一餐剛好的份量即可。

醬汁作法 — 柑橘醬

- 柑橘…2顆（或橘子1/2顆、140～150g）
- 柿子醋…2大匙（或其他食醋）
- 砂糖…1大匙
- 鹽…1小匙

→ 將所有食材放入食物調理機中磨碎。

沙拉作法　2～3人份｜20～25分鐘

- 罐裝鮪魚…1罐（肉200g）
- 雜種番茄…6顆（或小番茄12顆）
- 小黃瓜…1條（200g）
- 紫洋蔥…1/2顆（或洋蔥）
- 綠橄欖…10～13顆（或黑橄欖）

1. 將紫洋蔥莖部切除，順紋切成圓形薄片，放入冷水中浸泡10～15分鐘，可去除嗆辣味，也能保留酥脆口感。
2. 小黃瓜切成1cm厚的片狀；番茄對切兩刀成4等份的塊狀。
3. 用篩網將鮪魚罐頭的油過濾掉。
4. 將所有食材與醬汁輕拌，盛入碗中，即完成。

Chapter1_早餐正餐沙拉

炒蛋番茄沙拉

柔嫩的炒蛋搭配烤過易消化的番茄,迅速完成一道具有飽足感的沙拉,關鍵是番茄要炒至半熟狀態。再加上瑞可塔起司等柔軟的起司,真的很棒。

沙拉作法　　2～3人份 | 20～30分鐘

- 雞蛋⋯6顆
- 生奶油⋯1大匙（或牛奶，可省略）
- 小番茄⋯12顆
- 芝麻葉⋯少許
- 蒔蘿⋯少許（可省略）
- 法國麵包⋯3～5片
- 奶油⋯1大匙
- 特級初榨橄欖油⋯5大匙
- 鹽⋯少許
- 胡椒粒⋯少許

1. 將雞蛋打入碗中，以叉子打散後用篩網過濾掉繫帶。
2. 平底鍋放入1大匙的奶油與特級初榨橄欖油，開中火熱鍋。待奶油融化後，倒入蛋液，用筷子拌炒至半熟，約2分鐘後就能完成一份炒蛋。
   ＊請注意調整時間與火候，不要讓雞蛋過熟（參考P.23）
3. 關火，放入生奶油、蒔蘿，再稍微拌炒，待炒蛋呈七、八分熟、略帶點水分時，即可盛盤。
4. 將小番茄對切成兩半，熱鍋後倒入特級初榨橄欖油2大匙，用大火拌炒1分鐘，撒上鹽與胡椒粒少許。
   ＊若能在番茄、橄欖油、鹽、胡椒粒充分拌勻後，以預熱200℃的烤箱或氣炸鍋烤10分鐘，會更好吃。
5. 在步驟3的盤中擺上小番茄、芝麻葉，並放上兩片法國麵包，撒點鹽、胡椒粒，最後淋上特級初榨橄欖油，即完成。

涼拌白菜絲沙拉

鳳梨美乃滋醬

---- TIP

冷藏沙拉的食材
準備好的白菜若放入冰箱,可能兩天後就會變成咖啡色,如果要冷藏一段時間,一定要蓋上棉布或廚房紙巾。

這道是用清脆大白菜與具有甜味的小白菜做成的沙拉。食材可以多準備一點放冰箱備用,想吃時從冰箱取出,拌上醬汁即可。也適合與炸雞或肉類料理一起吃,有去油解膩的效果。

醬汁作法 — 鳳梨美乃滋醬

- 鳳梨片…1片（約70g）
- 碎洋蔥…1大匙
- 美乃滋…4大匙
- 食醋…1大匙
- 砂糖…1大匙
- 鹽…1/2小匙
- 胡椒粉…少許

→ 將所有食材放入碗中攪拌均勻。

沙拉作法 — 2～3人份 | 15～20分鐘

- 大白菜…1/2顆（250g）
- 小白菜…1/4份（或高麗菜200g）
- 胡桃…約1/4杯（或其他堅果類）
- 蔓越莓乾…約1/4杯（或其他果乾類）
- 碎香芹…少許（可省略）

1. 剝除大白菜最外層較硬的葉片，將內側葉片切成細絲。
2. 將小白菜如同圖中，以逆紋的方式切成絲。
3. 將大白菜與小白菜泡在冷水中洗乾淨，再用篩網過濾水分。
   ＊也可將這兩種菜放在篩網上，放置冰箱約一小時，保持蔬菜的清脆度，待瀝乾水分後就能與醬汁完美融合。
4. 將大白菜與小白菜分別放入盤中，淋上醬汁、再撒上胡桃、蔓越莓乾及碎香芹。
   ＊加點芥末油醋醬（P.49）也會讓美味升級。

Chapter1_早餐正餐沙拉

甘藍綜合蔬菜絲沙拉

檸檬油醬

TIP

只用一種高麗菜
混用兩種高麗菜，主要是為了增加色澤與不同營養，若只使用一種時，以相同份量取代即可。

有別於常見的高麗菜沙拉，這道是用紅蘿蔔、蘋果、芹菜、羽衣甘藍、堅果類搭配而成，是味道與營養都滿分的沙拉。當成餡料夾在吐司麵包中，作為開啟美好一天的早餐三明治，讓一整天都元氣十足。

醬汁作法 — 檸檬油醬

- 檸檬汁⋯4大匙
- 特級初榨橄欖油⋯6大匙
- 蜂蜜⋯2大匙
  （或果糖、龍舌蘭糖漿）
- 第戎芥末醬⋯1小匙
- 鹽⋯1小匙
- 胡椒粉⋯少許

→ 將所有食材放入碗中攪拌均勻。

沙拉作法　2～3人份｜20～30分鐘

- 高麗菜⋯1/6顆（250～300g）
- 紫高麗菜⋯1/8顆（約150g）
- 羽衣甘藍⋯3片
- 蘋果⋯1/2顆
- 芹菜⋯20cm（約40g）
- 紅蘿蔔⋯1/3條（約70g）
- 南瓜籽⋯2大匙（或其他堅果類）

1. 將高麗菜、紫高麗菜、羽衣甘藍洗淨後切成絲狀。
2. 蘋果帶皮切成絲，芹菜與紅蘿蔔也切成相同長度。
3. 將步驟1與2的食材浸泡於冷水中約5分鐘，用篩網瀝乾水分。

   ＊放在篩網上，放置冰箱約一小時，可以維持蔬菜清脆度，待瀝乾水分後，就能與醬汁完美融合。

4. 將所有食材與醬汁輕拌，盛入碗中，即完成。

Chapter1_ 早餐正餐沙拉

蘆筍火腿沙拉

ABC醬

吃下一口剛烤好的鮮脆蘆筍,真的令人難以抗拒!再加上少許火腿與蘋果（Apple）、甜菜根（Beet）、紅蘿蔔（Carrot）調出口感溫順的ABC醬,就是一道相當誘人的早午餐饗宴。

醬汁作法 ── ABC醬

- 蘋果汁⋯3大匙
- 甜菜根切絲⋯1/4杯
- 紅蘿蔔切絲⋯1/4杯
- 第戎芥末醬⋯1/2小匙（或法式芥末醬）
- 香檳醋⋯2大匙（或其他食醋）
- 果糖⋯1大匙
- 特級初榨橄欖油⋯4大匙
- 鹽⋯1小匙

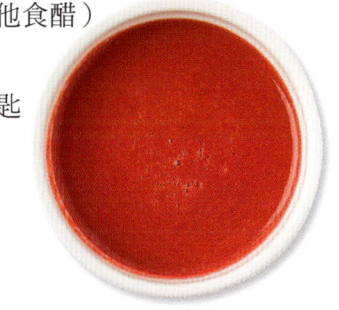

→ 將所有食材放入食物調理機磨碎。

＊若覺得醬汁過酸，可以加入一點果糖自行調整味道。

沙拉作法 ── 2人份｜15～20分鐘

- 蘆筍⋯15根
- 結球萵苣⋯2顆（或其他葉菜類）
- 火腿⋯2～3片（或義大利帕瑪火腿、西班牙塞拉諾火腿等生火腿30g）
- 奶油⋯1大匙
- 特級初榨橄欖油⋯少許
- 鹽、胡椒粉⋯各少許

1. 切除蘆筍根部約0.5cm，再用削皮器輕輕削去較硬的外皮。
   ＊鮮嫩的蘆筍可不用去皮。
2. 將結球萵苣對切成半，再切成4等份長條狀。
3. 平底鍋加熱，倒入特級初榨橄欖油，放入蘆筍，用大火炒1分30秒後撒點鹽與胡椒粉。
   ＊想維持鮮脆度的話，只要稍微拌炒一下即可。
4. 關火，放入奶油，讓蘆筍均勻沾裹著奶油。
5. 在平盤鋪上結球萵苣，依序擺上蘆筍與火腿，最後淋上醬汁，即完成。

小菠菜
雞蛋沙拉

烤培根醬

一般大家所熟悉的菠菜，在西方國家是沙拉食譜中常見的食材。直接生吃菠菜或許會覺得有點不習慣，但小菠菜比想像中更柔嫩、甜美，非常適合淋上以烤培根與義大利香醋做成的醬汁。

醬汁作法 — 烤培根醬

- 培根丁…1/4杯（約2條）
- 洋蔥丁…1/4杯（約1/4顆）
- 義大利香醋…2大匙
- 砂糖…2小匙
- 鹽…1/2小匙
- 特級初榨橄欖油…1/2杯

→ 起一熱鍋，放入培根丁，轉中火2分鐘，再放入洋蔥丁炒1分鐘。依序放入義大利香醋、砂糖、鹽，充分混合之後關火，再淋上特級初榨橄欖油稍微攪拌。

沙拉作法 — 2人份｜15〜20分鐘

- 小菠菜…3把（150g）
- 培根…6條
- 雞蛋…2顆
- 食用油…1〜2大匙
- 帕達諾起司…少許（或帕瑪森起司或起司粉）

1. 起一熱鍋，直接放入培根不加食用油。轉中火烤約3〜4分鐘，盛盤備用。
2. 將鍋子擦乾淨，倒入食用油，輕輕打入兩顆雞蛋，轉小火煎約3〜4分鐘，完成全熟的太陽蛋（參考P.23）。
3. 將所有食材放入盤中，淋上加熱過的醬汁，即完成。

＊淋上熱醬汁後，小菠菜會接近半熟狀態，就像醃漬過一樣美味。

Chapter1_早餐正餐沙拉

鮮蝦花椰菜沙拉

檸檬生薑醬

鮮蝦與花椰菜，是色澤與營養都相當搭配的一道沙拉。淋上香氣十足的檸檬生薑醬，即可完成一道夢幻的海鮮沙拉。可依個人喜好添加各種不同的海鮮。

醬汁作法 — 檸檬生薑醬

- 檸檬汁…2大匙
- 生薑汁…1小匙（或薑泥）
- 優格…4大匙
- 蜂蜜…2大匙（或果糖、龍舌蘭糖漿）

- 特級初榨橄欖油…2大匙
- 薑黃粉…1小匙（或咖哩粉）
- 鹽…1小匙

→ 將所有食材放入碗中攪拌均勻。

沙拉作法　2～3人份｜20～25分鐘

- 特大號鮮蝦…18隻
- 花椰菜…1顆（300g）
- 小番茄…12顆
- 黑橄欖…16～18顆

1. 將花椰菜、小番茄與黑橄欖，洗淨後分別切成適口大小。
2. 鮮蝦去除腸泥後，如圖中在蝦背上劃上一刀。
3. 起一湯鍋，水滾後（水5杯＋鹽1小匙）放入花椰菜，以大火燙1分鐘左右，撈起放涼，用手輕輕擠出水分。
4. 於步驟3的滾水中放入鮮蝦，燙1到1分30秒左右，撈起瀝乾水分。
5. 將所有食材與醬汁輕拌後，放入盤中，即完成。

Chapter1 — 早餐正餐沙拉

焗烤千層
茄子沙拉

番茄羅勒醬

茄子一年四季都有，但經過夏日陽光成長的茄子更加肥美多汁。焗烤千層茄子沙拉是以夏日茄子搭配番茄、羅勒、橄欖油醃漬，和歐式的醃漬食品一樣，是可以保存較久的沙拉，可以涼涼吃也可夾著麵包或肉類一起享用。

醬汁作法 — 番茄羅勒醬

- 義大利番茄醬汁…2/3杯
- 碎羅勒…1大匙
- 義大利油醋醬…1大匙
- 特級初榨橄欖油…3大匙
- 砂糖…1大匙
- 鹽…1小匙
- 胡椒粉…少許

→ 將所有食材放入碗中攪拌均勻。

沙拉作法 — 2～3人份｜25～35分鐘

- 茄子…5條（750g）
- 日曬番茄乾…100g（市售或自製P.19）
- 鹽…少許
- 胡椒粒…少許
- 特級初榨橄欖油…4～5大匙
- 羅勒…少許（可省略）

1. 茄子切成2cm厚，番茄乾切成適口大小。
2. 將茄子鋪在烤盤中，撒上鹽、胡椒粒、特級初榨橄欖油，約5～10分鐘待醬汁吸收。
3. 烤箱預熱200℃，放入烤箱烤10分鐘左右。
   * 也可使用平底鍋，倒入橄欖油，將茄子以中火烤3～5分鐘，會有不同的香煎風味。
4. 將茄子、番茄乾與醬汁輕拌，盛入碗中，撒上羅勒，即完成。
   * 可將沙拉先放入冰箱冷藏，隔天再拿出來吃會更美味。

Chapter1 早餐正餐沙拉

栗子南瓜
小扁豆沙拉

烤過後更鮮甜的南瓜，佐上小扁豆，能達成營養均衡與飽足感，所以不需另外搭配醬汁，簡單的優格醬就能帶出鮮甜。秋天時，以奶油南瓜取代栗子南瓜，會有不同的味道與口感。

沙拉作法　　2～3人份｜35～45分鐘

醃醬

- 栗子南瓜…1顆（或地瓜2顆700～800g）
- 小扁豆…1/2杯
- 菊苣…1～2把（或其他蔬菜類80g）
- 優格…1杯（200g）
- 特級初榨橄欖油…2～3大匙
- 胡椒粉…少許
- 蜂蜜…少許（或果糖、龍舌蘭糖漿）

- 蜂蜜…2大匙
  （或果糖、龍舌蘭糖漿）
- 特級初榨橄欖油…3大匙
- 肉桂粉…1小匙
- 鹽…少許
- 胡椒粉…少許

1. 烤箱預熱180℃。將南瓜削去硬皮，對半切後，去核，切成寬1～1.5cm。
2. 在烤盤鋪上南瓜，均勻地淋上醃醬，放入烤箱烤12～15分鐘。
   ＊將南瓜放入蒸鍋蒸15～20分鐘後，再與醃醬攪拌，是相當融合的口味。
3. 鍋中放入小扁豆，倒入小扁豆三倍份量的水、鹽（少許），大火燙15分鐘後，用篩網撈起瀝乾水分。
4. 盤中先鋪上菊苣，放上南瓜、小扁豆，淋上優格及特級初榨橄欖油，撒上胡椒粉，最後可依個人喜好追加蜂蜜。
   ＊加入適量芥末油醋醬（P.49）風味會更有層次。

瑞可塔起司
紅蘿蔔沙拉

蜂蜜檸檬醬

TIP

使用鷹嘴豆

熟鷹嘴豆可使用市售的瓶裝或罐裝產品，若要購買新鮮的自己料理，會花很多時間。可以一次煮好放涼後冰入冷凍，需要時取出燙過即可使用。鷹嘴豆需要浸泡在水中6小時以上，在鍋中放入足夠的水與少許鹽，以大火煮滾後，轉中火煮40～50分鐘後，再用冷水清洗乾淨。

品嚐過冬天產的濟州紅蘿蔔，一定會成為紅蘿蔔擁護者，還能感受到當季蔬菜的香氣與營養。烤過的紅蘿蔔與蜂蜜檸檬醬是我最喜歡的組合，最後再加上喜歡的香料，就能完成一道香甜的紅蘿蔔料理。

醬汁作法 — 蜂蜜檸檬醬

- 蜂蜜⋯3大匙
  （或果糖、龍舌蘭糖漿）
- 檸檬汁⋯3大匙
- 檸檬皮⋯1小匙
- 第戎芥末醬⋯1/2小匙
  （或法式芥末醬）
- 特級初榨橄欖油⋯2大匙
- 葡萄籽油⋯2大匙
- 鹽⋯1小匙

→ 將所有食材放入碗中攪拌均勻。

＊為了擁有檸檬香氣，建議直接買檸檬，不要用市售的檸檬汁。將檸檬洗乾淨後，削下黃色檸檬皮粉1小匙，並擠出檸檬汁3大匙。

沙拉作法　2～3人份 | 20～25分鐘

- 小條紅蘿蔔＊⋯25～30條
  （或紅蘿蔔2條）
- 熟鷹嘴豆⋯1杯
- 胡桃⋯1/3杯（或其他堅果類）
- 瑞可塔起司⋯2大匙

醃醬
- 楓糖漿⋯2～3大匙
- 特級初榨橄欖油⋯3大匙
- 辣椒粉⋯1小匙（可省略）
- 鹽⋯少許
- 胡椒粉⋯少許

1. 烤箱預熱200℃，小條的紅蘿蔔可直接烘烤，一般紅蘿蔔則需切成1cm寬的條狀。
2. 烤盤鋪上紅蘿蔔、熟鷹嘴豆，均勻地淋上醃醬，放入烤箱烤8分鐘左右。
3. 在盤中放入步驟2的紅蘿蔔與鷹嘴豆，淋上醬汁後再放上胡桃與瑞可塔起司，即完成。

＊如同手指粗細的小條紅蘿蔔不需要切，以簡單的擺盤即可做出一道漂亮的沙拉，可以在線上商城購買。

烤高麗菜沙拉

西班牙紅椒醬

高麗菜一般都是醃漬或燙過後食用，但烤過的高麗菜也別有一番風味。其甜味尤其深具魅力，搭配微辣的西班牙紅椒醬，不論是早午餐還是晚餐，皆可與紅酒一同品嚐。

醬汁作法 — 西班牙紅椒醬（Romesco）*

- 烤過的甜椒…2顆（400g）
- 辣椒粉…1大匙（可省略）
- 花生…2大匙
- 橄欖油…1大匙
- 特級初榨橄欖油…1大匙
- 鹽…1小匙

→ 可參考做沙拉的步驟1烤甜椒。並將所有材料放入食物調理機磨碎。

＊醬汁的份量做多一點，並依個人喜好調整添加的量，其餘放入冷藏保存30天。可當成三明治餡料、調味料或雞肉醃料。

沙拉作法　2～3人份｜25～35分鐘

- 高麗菜…1/2顆（700～800g）

醃醬
- 辣椒粉…1/2大匙（可省略）
- 鹽…1大匙
- 白酒醋…4大匙（或其他食醋）
- 蜂蜜…2大匙（或果糖、龍舌蘭糖漿）
- 特級初榨橄欖油…4大匙
- 胡椒粉…1小匙

1. 將醬汁材料中的甜椒去頭尾、對半切開後去籽，平鋪在烤盤中。烤箱預熱200℃，烤12分鐘左右取出放涼，即可用來製作醬汁。
2. 將高麗菜切成3～4cm厚度的扇形。
3. 在烤盤鋪上高麗菜，平均地淋上醃醬，放入預熱烤箱200℃，烤10～15分鐘。
   ＊也可使用平底鍋，以中火烤10～15分鐘。
4. 盤中放入烤好的高麗菜，搭配醬汁，即完成。
   ＊添加芥末油醋醬（P.49）口味會更豐富。

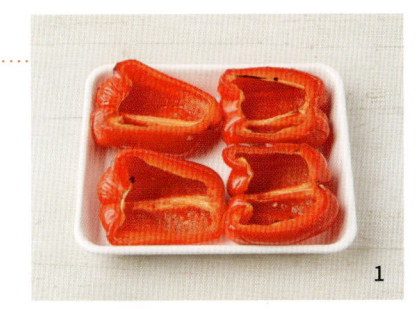

＊西班牙紅椒醬（Romesco），用甜椒製成的辣醬，在西班牙會搭配烤蔬菜一起食用，帶有濃濃甜椒香味，是嗜辣者會愛上的異國風醬汁。

Chapter1 _ 早餐正餐沙拉

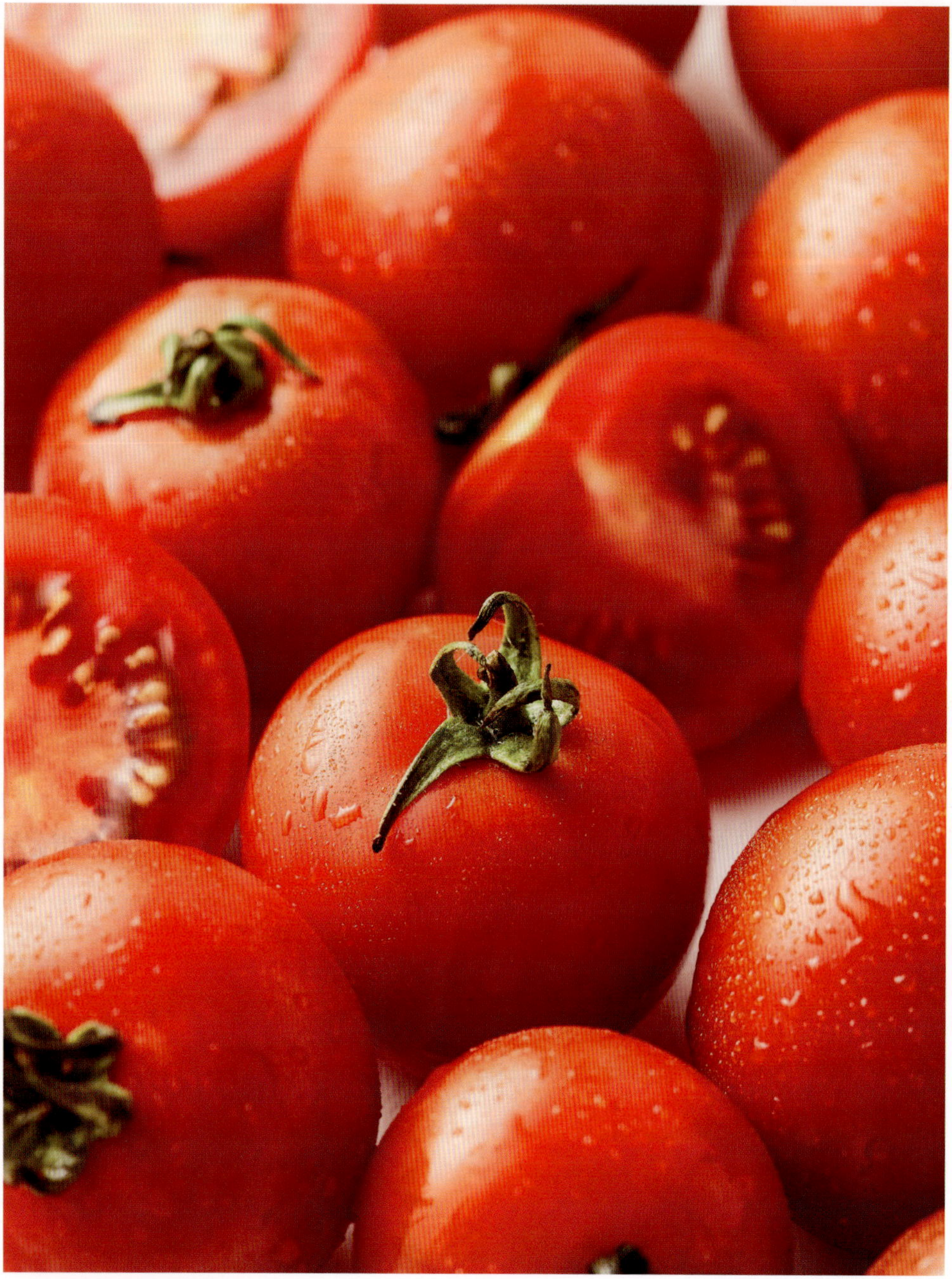

Chapter 2

午餐正餐沙拉

一天當中最需要補充能量的午餐時刻。午餐沙拉可以添加穀類、麵類等碳水化合物食材，補足所需的體力與增加飽食感。準備時，可將醬汁另外裝盛，麵類也建議選擇較不容易軟爛的義大利麵。

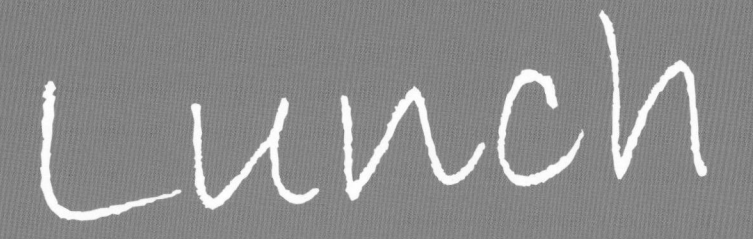

Lunch

豆腐全穀沙拉

柚子醬油

這道是針對素食者，我最想推薦的一款沙拉！因為有可以填飽肚子的全穀飯，而紅蘿蔔絲與柚子醬油的點綴，將烤過的豆腐變得又香又甜，讓這道沙拉美味滿點。

醬汁作法 ─ 柚子醬油

- 柚子蜜…2大匙
- 釀造醬油…1大匙
- 檸檬汁…1大匙
- 糙米醋…1大匙（或其他食醋）
- 特級初榨橄欖油…3大匙

→ 將所有食材放入碗中攪拌均勻。

沙拉作法 ─ 2人份｜25〜30分鐘

- 豆腐…1塊（300g）
- 全穀飯…1杯
- 紅蘿蔔絲…1/4杯
- 花椰菜…1顆（300g）
- 特級初榨橄欖油…2〜3大匙
- 鹽…少許
- 胡椒粉…少許

1. 可參考P.28〜29全穀飯與紅蘿蔔絲的製作方式準備。
2. 烤箱預熱180℃，將花椰菜切成適口大小鋪在烤盤上，撒上少許胡椒粉，淋上1〜2大匙的特級初榨橄欖油，放入烤箱烤8分鐘左右。
    ＊花椰菜也可在滾水中煮1〜2分鐘，或以蒸鍋蒸3〜4分鐘後再進行調味。
3. 豆腐切成2cm的方塊，放於廚房紙巾上，撒上少許鹽靜置。
    ＊撒鹽不僅可以調味，也可以讓豆腐釋出多餘水分。
4. 熱鍋中放入1大匙特級初榨橄欖油，轉中火放入豆腐，不時翻面煎3〜5分鐘。
    ＊也可撒上橄欖油，在預熱180℃的氣炸鍋烤12〜15分鐘。
5. 將豆腐、全穀飯、紅蘿蔔絲、花椰菜與醬汁輕拌，盛入碗中即完成。

奶油蝦咖哩沙拉

香菜田園沙拉醬

以咖哩粉帶出奶油烤蝦的鮮味，搭配高營養價值的全穀飯，加入搗碎香菜的沙拉醬以提升整體香氣，充滿濃郁的南洋風味，也很適合當成上班族的午餐便當。

醬汁作法 — 香菜田園沙拉醬

- 碎香菜⋯1大匙（或碎芝麻葉）
- 碎洋蔥⋯1大匙
- 蒜泥⋯1/2大匙
- 美乃滋⋯2大匙
- 優格⋯2大匙
- 法式芥末醬⋯1大匙
- 砂糖⋯1小匙
- 鹽⋯1小匙
- 胡椒粉⋯少許

→ 將所有食材放入碗中攪拌均勻。

＊醬汁可以做多一點，根據個人喜好調整份量，剩餘的醬汁可放冷藏保存3～4天。

沙拉作法 — 2～3人份｜20～25分鐘

- 高麗菜⋯1/2顆（200g）
- 特大號鮮蝦⋯12隻
- 全穀飯⋯2杯
- 酪梨⋯1顆
- 綠蔥⋯少許（可省略）
- 奶油⋯2大匙
- 特級初榨橄欖油⋯少許

醃醬
- 咖哩粉⋯1大匙
- 蒜泥⋯1大匙
- 特級初榨橄欖油⋯2大匙

1. 可參考P.28全穀飯的製作方式準備。
2. 高麗菜切成細絲狀；綠蔥切成蔥花。
3. 酪梨對半切，去籽、去皮後，切成容易入口的薄片狀。
4. 將新鮮的生蝦去除腸泥，用醃醬拌勻。起一熱鍋放入奶油，待奶油融化後，倒入生蝦，以中火快炒2～3分鐘。
5. 取一大碗，依序放入高麗菜、全穀飯、鮮蝦與酪梨，先淋醬汁再撒上蔥花，最後淋上少許特級初榨橄欖油，即完成。

Chapter2 _ 午餐正餐沙拉

烤蔬菜
全穀沙拉

蜂蜜檸檬醬

TIP

可減少蔬菜種類或以其他取代蔬菜也可減少為2～3種，或用其他喜歡的蔬菜取代。此時請考量蔬菜整體份量，與食譜相似即可。

蔬菜蓋飯般的沙拉，是以全穀飯搭配各種烤蔬菜，可輕盈無負擔地享受豐盛的一餐。也可替換成自己喜歡的蔬菜，挑選營養均衡的五色蔬菜，吃得開心又健康。

醬料作法 — 蜂蜜檸檬醬

- 蜂蜜…3大匙
  （或果糖、龍舌蘭糖漿）
- 檸檬汁…3大匙
- 檸檬皮…1小匙
- 第戎芥末醬…1/2小匙
  （或法式芥末醬）
- 特級初榨純橄欖油…2大匙
- 葡萄籽油…2大匙
- 鹽…1小匙

→ 將所有食材放入碗中攪拌均勻。

＊為了擁有檸檬香氣，建議購買新鮮檸檬，不要買市售的檸檬汁。將檸檬洗淨後，削下黃色檸檬皮切碎，加入1小匙，並擠出3大匙檸檬汁。

沙拉作法　2～3人份｜25～35分鐘

- 南瓜…1/2顆（400g）
- 茄子…1條（150g）
- 甜椒…1顆（200g）
- 綠花椰菜…1/2顆（200g）
- 白花椰菜…1顆（300g）
- 全穀飯…1杯
- 混合沙拉…2份（或市售其他葉菜類140g）
- 鹽、胡椒粉…各少許
- 特級初榨純橄欖油…少許
- 碎西芹…少許（可省略）

1. 可參考P.28、P.15全穀飯與綜合沙拉的製作方式準備。
2. 先將烤箱預熱180℃。南瓜去皮、去籽，切成片狀；茄子與甜椒切成適口大小。
3. 白、綠花椰菜也剝成小朵，切成容易入口的大小。
4. 將步驟2、3的蔬菜鋪在烤盤上，撒上鹽、胡椒粉、特級初榨橄欖油，放入烤箱烤8～10分鐘左右。

   ＊若使用平底鍋，可以中火烤10～12分鐘，會有不同的風味。

5. 碗中鋪上綜合沙拉，放上烤蔬菜與全穀飯後，淋上醬汁與碎香芹，即完成。

超級食物沙拉

中東白芝麻醬

是一道將對身體好的超級食物結合而成的「超級沙拉」。強力推薦給經常用腦的考生、上班族或減肥者,「中東白芝麻醬(tahini)」是中東料理不可或缺的醬汁,風味清爽又具有高營養價值,市售不僅昂貴也不容易購買,自己製作會更方便。

醬汁作法 — 中東白芝麻醬

- 炒芝麻…1杯
- 芝麻油…1大匙
- 特級初榨橄欖油…2〜3大匙
- 礦泉水…1大匙
- 鹽…1/2小匙

→ 將炒芝麻放入食物調理機磨碎後,放入其他材料,再磨一次。依據個人喜好追加橄欖油,就能完成香醇細緻的中東白芝麻醬。

＊放入密閉容器中,可冷藏保存7天,若加入些許不同醬汁或醃醬,可獲得更滑順的口感與香氣。

沙拉作法 — 2〜3人份｜30〜35分鐘

- 穀物…1杯（高拉山小麥、糙米、藜麥等）
- 花椰菜…1顆（300g）
- 甜椒…1顆（200g）
- 藍莓…1/2杯
- 楓糖漿…1大匙
- 杏仁薄片…1/4杯
- 嫩葉蔬菜…1把（60g）

醃醬
- 特級初榨橄欖油…1〜2大匙
- 鹽…少許
- 胡椒粉…少許

1. 先將烤箱預熱200℃。甜椒去頭尾,對半切開、去除內膜與籽,鋪在烤盤上,內側淋上醃醬,放入烤箱烤10分鐘左右,放涼後再切成0.5cm薄片。
2. 起一湯鍋,放入穀物與蓋過穀物高度的水量。大火水滾後轉中火,高拉山小麥或糙米煮15〜20分鐘;藜麥煮4分30秒。煮熟後,用篩網過濾掉穀物水分。
3. 花椰菜切成適合入口的大小,於滾水（水5杯＋鹽1小匙）中放入花椰菜,大火汆燙1分鐘,取出花椰菜瀝乾水分備用。
4. 將所有食材與3大匙中東白芝麻醬輕拌,盛入碗中,即完成。

＊中東白芝麻醬不要一開始就放太多,可以先嚐嚐味道再決定是否增量。

Chapter2_午餐正餐沙拉

黑米甜菜根沙拉

義大利醬

黑米屬於低GI食物，還能調節身體免疫力，又被稱為「長壽米」。這是一道當你不想吃白米飯與五穀飯時，可以換換口味與口感的創意沙拉。加上柚子蜜的清爽感，一定能瞬間將盤子清空。

醬料作法 — 義大利醬

- 特級初榨橄欖油…4大匙
- 白酒醋…2大匙（或其他食醋）
- 檸檬汁…2大匙
- 砂糖…1大匙
- 果糖…1大匙
- 鹽…1小匙
- 奧勒岡…少許（可省略）
- 紅辣椒片…少許

→ 將所有食材放入碗中攪拌均勻。

沙拉作法 — 2～3人份｜30～35分鐘（泡穀物的時間除外）

- 黑米…1杯（或糙米、燕麥、大麥等其他穀物）
- 黑豆…1/4杯
- 甜菜根…1條（400g）
- 嫩葉菜類…少許
- 柚子蜜…1大匙
- 瑞可塔起司…2大匙
- 鹽…少許
- 胡椒粉…少許
- 特級初榨橄欖油…2大匙

1. 以充分的水量浸泡黑米30分鐘、黑豆3小時。
2. 將泡過的黑米與黑豆放入鍋中，倒入3～4倍的水，蓋上鍋蓋，水滾後轉中火繼續煮20分鐘左右，關火燜5分鐘。
3. 烤箱預熱180℃。將甜菜根去皮，切成適口大小的丁狀。
4. 烤盤鋪上甜菜根，均勻撒上鹽、胡椒粉、特級初榨橄欖油，放入烤箱烤8分鐘左右。
5. 將黑米、黑豆、甜菜根、嫩葉菜類、柚子蜜與醬汁輕拌後盛入碗中，最後放上瑞可塔起司，即完成。

花椰菜飯沙拉

檸檬油醬

這道是將花椰菜切成像飯粒大小的沙拉，很適合正在進行生酮飲食的朋友。可依據個人喜好調整花椰菜的大小，但不要切得過細，保留一點咀嚼口感會更棒。

醬汁作法　— 檸檬油醬

- 檸檬汁…4大匙
- 特級初榨橄欖油…6大匙
- 蜂蜜…2大匙（或果糖、龍舌蘭糖漿）
- 第戎芥末醬…1小匙
- 胡椒粉…少許

→ 將所有食材放入碗中攪拌均勻。

沙拉作法　— 2人份｜20～25分鐘

- 白花椰菜…1顆（400g）
- 扁豆…1/2杯
- 杏仁薄片…2大匙
- 特級初榨橄欖油…2～3大匙
- 鹽…少許
- 胡椒粉…少許
- 碎香芹…少許（可省略）

1. 起一湯鍋，鍋中倒入扁豆三倍份量的水、少許鹽，以大火煮滾15分鐘左右，用篩網過濾掉水分備用。
2. 烤箱預熱180℃。將花椰菜切成0.5～1cm大小的丁狀。
3. 烤盤鋪上花椰菜，撒上鹽、胡椒粉、特級初榨橄欖油，放入烤箱烤6分鐘左右。
   *也可使用平底鍋，以大火翻炒花椰菜6～8分鐘，會有不同的風味。
4. 將花椰菜飯、扁豆、杏仁薄片與醬汁輕拌，最後撒上碎香芹，盛入碗中，即完成。

烤甜椒與葡萄扁豆沙拉

略帶苦味的芝麻葉與烤後香甜的白葡萄，搭配成酸甜滋味的沙拉。同時添加了富含蛋白質、膳食纖維且低熱量的扁豆，放在現烤吐司上一同享用，是一道餐廳等級的瑞可塔沙拉。

沙拉作法　　2人份 | 35～45分鐘

- 甜椒…2顆（400g）
- 扁豆…1杯
- 白葡萄…1杯
- 芝麻葉…1把（或其他葉菜類50g）
- 瑞可塔起司…2大匙
- 鹽…少許
- 胡椒粉…少許
- 特級初榨橄欖油…少許
- 烤法棍…2片（或其他麵包）

醃醬
- 鹽…少許
- 胡椒粉…少許
- 特級初榨橄欖油…2～3大匙

1. 烤箱預熱200℃。將甜椒對半切開、去除內膜與籽。
2. 甜椒鋪在烤盤上，甜椒皮朝下，在甜椒內側淋上醃醬。放入烤箱烤15～20分鐘，放涼備用。
3. 起一湯鍋，鍋中倒入扁豆三倍份量的水，以大火煮15分鐘後，用篩網瀝乾水分備用。
4. 在平底鍋中倒入特級初榨橄欖油，放入白葡萄，用大火翻煎2～3分鐘，撒上少許鹽與胡椒粉調味。
5. 等甜椒放涼後，用手撕去外皮，再切成1cm寬條狀。
6. 將甜椒、扁豆、白葡萄、芝麻葉與瑞可塔起司放入盤中，淋上特級初榨橄欖油，搭配現烤法棍，即完成。

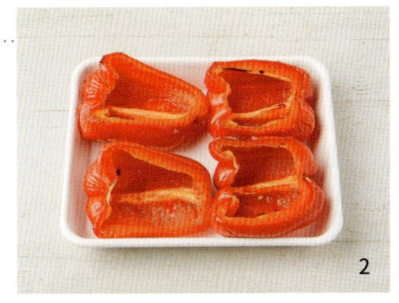

Chapter2_午餐正餐沙拉

大麥菇類沙拉

蘿蔔葉青醬

一般亞洲人習慣將大麥當成主食，但在歐美國家會將米、大麥等穀物作成冷沙拉食用。大麥冷吃反而會有不錯的咀嚼口感，還能補充膳食纖維、調節腸胃功能，是相當適合減肥期間享用的歐風素食沙拉。

雞胸肉古斯米*碎沙拉

*古斯米（couscous）
一般是以粗麥粉加少量水所製成，經常運用於取代其他穀類。由於料理方式簡單，經常出現於各種料理當中。

田園沙拉醬

碎沙拉可以活用冰箱剩餘的食材，只要全數搗碎即可完成，是相當簡便的沙拉。提前做好，不會因為放了一段時間而讓味道產生變化，是便當菜色的選擇之一。加上古斯米，會更具有飽足感。

Chapter2_午餐正餐沙拉

大麥菇類沙拉

醬汁作法 — 蘿蔔葉青醬

- 蘿蔔葉⋯180g（或芝麻葉）
- 帕達諾起司⋯80g（或帕馬森起司粉）
- 炒花生⋯約1/2杯（60g）
- 特級初榨橄欖油⋯1杯（200g）
- 蒜泥⋯1/2大匙
- 鹽⋯約2小匙（8g）

→ 將所有材料放入食物調理機磨碎。

＊醬泥的份量可以做多一點，剩餘放入冷藏保存5～7天。也可冰成冰塊狀，放入夾鏈袋，冷凍保存3個月。可運用在各種蔬菜料理、沙拉（P.130牛排沙拉）與義大利麵等。

沙拉作法　2～3人份｜45～55分鐘　（泡糯大麥的時間除外）

- 糯大麥⋯1杯（或糙米、燕麥等穀類）
- 義大利帕瑪火腿⋯2片（或西班牙塞拉諾火腿等生火腿）
- 芝麻葉⋯約1把（或其他葉菜類50g）
- 洋蔥⋯1顆
- 秀珍菇⋯3顆（或其他菇類150g）
- 白蘭地⋯少許（或蘭姆、威士忌，可省略）
- 義大利香醋⋯1/4杯
- 砂糖⋯1/2～1小匙
- 鹽⋯少許
- 食用油⋯2～3大匙
- 蘿蔔葉青醬⋯1/2杯

1. 將糯大麥浸泡在水中1～2小時。
2. 糯大麥加入1.5倍的水，蓋上鍋蓋以大火煮滾，再轉小火繼續滾15～20分鐘，關火後燜5分鐘。 
3. 清洗芝麻葉，用篩網過濾掉水分。

4. 將洋蔥切成丁狀，再搗成碎泥。

5. 將秀珍菇一一剝開。

6. 起一熱鍋倒入食用油，放入洋蔥，以中火炒15～17分鐘，直到水分收乾、轉為褐色，產生焦糖化。

7. 倒入白蘭地，再用大火快炒1～2分鐘左右，至水分收乾。

8. 在步驟7的鍋中加入秀珍菇、義大利香醋、砂糖、鹽，用中火炒10～15分鐘，至水分收乾。

9. 放入糯大麥、秀珍菇、蘿蔔葉青醬（1/2杯）後，攪拌均勻，放上火腿與芝麻葉，即完成。

「廚師的祕訣」

洋蔥焦糖化（caramelizing）

將洋蔥炒到軟化、變成褐色，稱為「焦糖化」。此料理過程會強化洋蔥的甜味、釋出更多香氣，讓整體風味更棒。尤其是最後加上白蘭地、蘭姆、威士忌、干邑白蘭地等高濃度酒精，再以大火炒1～2分鐘，會讓味道更上一層樓。這就是餐廳烹煮洋蔥湯的祕訣。

TIP 醃漬剩餘蘿蔔葉

材料

- 蘿蔔葉1大把（1.5kg）
- 檸檬2顆
- 紅辣椒3條
- 醃漬物湯汁10杯（2l）
- 砂糖約3又1/2杯（550g）
- 鹽約2又1/2大匙（25g）
- 食醋4又1/2杯（900ml）
- 醃漬香料約3大匙（15g）

作法

將蘿蔔葉切成長約4～5cm；檸檬跟紅辣椒皆切成0.3cm的圓形薄片。鍋中放入醃漬物湯汁與所有材料，煮滾後用篩網撈起放涼。接著放入冷藏，等待1～2天熟成。

雞胸肉古斯米碎沙拉

醬汁作法 | 田園沙拉醬

- 碎洋蔥…1大匙
- 美乃滋…2大匙
- 優格…2大匙
- 砂糖…1小匙
- 鹽…1小匙
- 碎義大利香芹…少許（可省略）
- 胡椒粉…少許

→ 將所有材料放入食物調理機磨碎。

沙拉作法 | 2～3人份 | 35～45分鐘

- 雞胸肉…2片
- 南瓜、茄子、甜椒、櫛瓜、花椰菜等…2杯（切成適口大小）
- 綜合沙拉…2把（或市售其他葉菜類140g）
- 古斯米…1/2杯（或藜麥）
- 鹽、胡椒粉…各少許
- 特級初榨橄欖油…少許

雞胸肉醃醬
- 紅辣椒粉…1大匙（可省略）
- 鹽…少許
- 胡椒粉…少許
- 特級初榨橄欖油…少許

古斯米醃醬
- 檸檬汁…2大匙
- 胡椒粉…少許
- 特級初榨橄欖油…少許

1. 烤箱預熱180℃。將蔬菜鋪在烤盤上，撒上少許鹽、胡椒粉與特級初榨橄欖油，放入烤箱烤6分鐘，放涼備用。

  ＊亦可將蔬菜切成步驟7的丁狀，放入平底鍋，以中火烤10～12分鐘至酥脆，會有不同的風味。

2. 可參考P.15綜合沙拉的製作方式準備。將綜合沙拉切得細碎一點。

3. 雞胸肉順著紋路切成片狀,均勻地淋上雞胸肉醃醬,靜置一會兒。

4. 將平底鍋加熱,放入雞胸肉,用大火不斷翻面煎,煎熟後放涼。

   ＊如果因為太厚導致雞胸肉內部無法熟透,可在表面劃一刀,繼續煎熟。

5. 在碗中放入與古斯米等高份量的熱水(溫度約70～80℃的水),等待3分鐘左右即可煮熟。

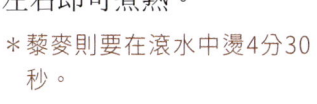

   ＊藜麥則要在滾水中燙4分30秒。

6. 在步驟5中放入古斯米醃醬,用湯匙攪拌均勻。

7. 將步驟1的烤蔬菜,再切成1.5～2cm的小丁狀。

8. 將步驟4的雞胸肉切成1.5～2cm丁狀。把所有食材放入碗中,淋上醬汁,即完成。

93

亞洲麵條沙拉

生薑味噌醬

基本上是用一般生麵製作，但也可嘗試換成平時喜歡的蕎麥麵、烏龍麵等，不同麵條會有不同的口感。準備便當時則可使用蒟蒻麵，因為蒟蒻麵不加熱也可直接享用。

醬料作法 — 生薑味噌醬

- 生薑蜜…2大匙（或生薑汁、生薑泥1小匙＋蜂蜜1大匙）
- 味噌醬…1又1/2～2大匙
- 檸檬汁…2大匙
- 食醋…2大匙
- 葡萄籽油…2大匙
- 芝麻油…2大匙
- 礦泉水…2大匙

→ 將所有食材放入碗中攪拌均勻。

＊可以大醬取代味噌醬，此時份量則減少為1大匙，加入少許料理酒、果糖，會讓味道更柔和。大醬可依個人喜好自行調整。

沙拉作法

2～3人份｜20～25分鐘

- 生麵條…300g
- 大白菜…1/8顆（100g）
- 紅蘿蔔…1/5條（40g）
- 紅辣椒…1條
- 綠蔥…3根

1. 大白菜與紅蘿蔔切絲；紅辣椒切成成薄片；綠蔥切成約4～5cm的蔥段。
2. 步驟1的蔬菜放入冷水中洗淨，用篩網瀝乾水分。
3. 生麵條放入滾水中煮熟（可參考外包裝上說明的煮法，一般是大火3～4分鐘），冷水沖洗後，瀝乾水分備用。
4. 將麵條、所有食材與醬汁輕拌，盛入碗中，即完成。

鮮蝦烏龍麵沙拉

芝麻美乃滋醬

彈牙的烏龍麵與豐富蔬菜的結合，再加入香味濃郁的芝麻美乃滋醬，是一道男女老少都喜愛的沙拉。可自行替換成蕎麥麵，若想做成便當，可改用通心麵取代烏龍麵。

醬料作法 — 芝麻美乃滋醬

- 芝麻…3大匙
- 美乃滋…7大匙
- 釀造食醋…3大匙（或其他食醋）
- 砂糖…1大匙
- 果糖…1大匙
- 釀造醬油…1大匙
- 芝麻油…2大匙
- 礦泉水…2大匙

→ 先將芝麻磨碎，放入碗中與其他食材混合。

＊可使用芝麻專用研磨器磨碎；也可直接將芝麻放入夾鏈袋，用擀麵棍壓碎或敲碎。

沙拉作法 — 2～3人份｜25～35分鐘

- 烏龍麵…2包（約400g）
- 萵苣…1/4顆（約100g）
- 菊苣…約1把（50g）
- 小番茄…7～8顆
- 紫洋蔥…1/2顆（或洋蔥）
- 雞尾蝦…約2/3杯（100g）

1. 將萵苣和菊苣切成適口的大小；小番茄切成2等份。
2. 紫洋蔥逆紋對半切開，切成圓形薄片，冷水浸泡10～15分鐘，瀝乾水分備用。
3. 將雞尾蝦放入滾水（水5杯＋鹽1小匙）中，汆燙1～2分鐘後撈起，瀝乾水分備用。
4. 烏龍麵放入滾水煮熟，可參考外包裝上說明的煮法，一般是以大火煮3～4分鐘。冷水沖洗後瀝乾水分。
5. 將烏龍麵、所有食材與醬汁輕拌，盛入碗中，即完成。

泰式拌米線沙拉

泰式花生醬

帶有羅勒香氣的美味豬肉與越南米線，淋上泰式花生醬，異國風情十足，彷彿置身於南洋海島。鹹辣交織的口味，當成拌飯也是一種全新吃法，如果是準備便當，改成米飯會更方便。

醬料作法 — 泰式花生醬

- 魚露…1大匙
- 花生醬…1大匙
- 檸檬汁…2大匙
- 釀造食醋…1大匙（或其他食醋）
- 紅糖…1/2大匙（或砂糖）
- 葡萄籽油…4大匙

→ 將所有食材放入碗中攪拌均勻。

沙拉作法

2～3人份｜35～40分鐘

- 越南米線…150g
- 豬絞肉…200g
- 小黃瓜…1/2條（100g）
- 紅辣椒…1條
- 羅勒…10片
- 炒花生…2大匙
  蒜泥…1大匙
  釀造醬油…1大匙
  甜辣醬…1大匙
  檸檬汁…2大匙
  食用油…1～2大匙

1. 將米線泡放入冷水中，浸泡30分鐘，備用。
2. 將小黃瓜切成薄片；紅辣椒對半切，去籽後切成絲狀；羅勒用手剝開；炒花生搗成粗粒，備用。
3. 冷鍋倒入1～2大匙的食用油，放入豬絞肉，再轉大火炒3～4分鐘。
   ＊接觸鍋子那面的肉先熟了之後，再翻面炒會更香。
4. 步驟3放入蒜泥、釀造醬油、甜辣醬，再翻炒2分鐘，請留意不要炒焦。
5. 關火後，放入1/2的羅勒葉稍微攪拌。
6. 米線放入滾水中燙30秒，再用冷水沖洗，接著用篩網將水過濾掉。
7. 將米線、豬絞肉與醬汁輕拌，盛入碗中，最後撒上剩餘的羅勒葉、小黃瓜、紅辣椒與炒花生，即完成。

水管麵
四季豆沙拉

羅勒泥

水管麵是兩側洞口較大的通心粉，由於麵體較厚，所以吃起來口感較Q彈、不易裂開，加上表面有細微孔洞，所以更容易吸附醬汁，經常運用於冷沙拉，吃起來非常清爽。

醬料作法 — 羅勒泥

- 帕達諾起司…50g（或帕馬森起司）
- 炒花生…約1/2杯（或其他堅果類50g）
- 特級初榨橄欖油…約3/4杯（150g）
- 蒜泥…1大匙
- 鹽…1小匙

→ 將所有材料放入食物調理機磨碎。

＊可使用市售的羅勒泥，缺點是香氣較淡。自製的醬泥可以冷藏保存7～10天；或冷凍保存6個月，也可製成冰塊狀，放入夾鏈袋再冷凍，後續使用會很方便。

沙拉作法 — 2人份｜25～35分鐘

- 水管麵…150g（或其他通心麵）
- 特大號鮮蝦…12隻
- 四季豆…10條（或蘆筍3～4條）
- 黑橄欖…10顆
- 小番茄…10顆
- 鹽…少許
- 胡椒粉…少許
- 羅勒泥…1/2杯

1. 在鍋中準備汆燙用的滾水（水7杯＋鹽1大匙）。鮮蝦去除腸泥後，如圖所示，在蝦背上劃一刀。
2. 水滾後，先汆燙四季豆約30秒，篩網撈起用冷水沖洗，再過濾掉多餘水分。
3. 另起一湯鍋，滾水中放入水管麵，煮16分鐘左右，用篩網撈瀝乾備用。
4. 最後在滾水中放入鮮蝦，1～2分鐘後撈起，瀝乾備用。
5. 將燙過的四季豆切成兩段；黑橄欖與小番茄對切成兩半。
6. 將水管麵、所有食材與羅勒泥（1/2杯）輕拌，盛入盤中，即完成。

墨西哥玉米
義大利麵沙拉

墨西哥辣椒優格醬

TIP
小朋友可食用的不辣版本拿掉食材中的墨西哥辣椒,醬汁中的墨西哥辣椒可以醃小黃瓜取代。

結合玉米與通心麵的「麻藥玉米」,配上墨西哥辣味醬汁,甜辣交織的衝突美味,一吃就上癮。包上烤過的墨西哥薄餅,更是令人胃口大開。

醬料作法 — 墨西哥辣椒優格醬

- 墨西哥辣椒片…1/2杯
- 優格…6又1/2大匙
- 美乃滋…6又1/2大匙
- 蒜泥…1/2大匙
- 碎香菜…少許（或香芹粉）
- 檸檬汁…1大匙
- 蜂蜜…2大匙（或果糖、龍舌蘭糖漿）
- 特級初榨橄欖油 2大匙
- 鹽…1小匙

→ 將所有材料放入食物調理機磨碎。

沙拉作法　2～3人份｜25～30分鐘

- 麻花捲義大利麵…2杯
- 罐裝玉米…1杯
- 黃檸檬…1/2顆
- 小番茄…12顆
- 墨西哥辣椒片…10片

醃醬
- 帕馬森起司粉…1大匙
- 洋蔥粉…1大匙（可省略）
- 奶油…1/2大匙
- 蜂蜜…1大匙（或果糖、龍舌蘭糖漿）
- 紅椒粉…2小匙（可省略）
- 香芹粉…1小匙

1. 麻花捲義大利麵放入滾水（水7杯＋鹽1大匙）中煮15分鐘，用篩網瀝乾水分備用。
2. 烤箱預熱180℃，罐裝玉米用篩網瀝乾水分，鋪在烤盤上，加入醃醬攪拌均勻後，在烤箱中烤6～8分鐘。
   ＊也可將玉米與玉米醃醬混合攪拌後，放入平底鍋以中火烤5～8分鐘，會有不同的風味。
3. 黃檸檬切成薄片；小番茄切成半備用。
4. 將麻花捲義大利麵、所有食材與醬汁輕拌，盛入碗中，即完成。

Chapter2 ＿ 午餐正餐沙拉

BLT
通心麵沙拉

千島醬

翻轉料理的想像！經常出現在三明治的B.L.T（培根、生菜、番茄）居然可以變身成拉沙，配上熱壓後的土司，相當豐盛，很適合當成派對小食，多人一起享用。

醬料作法 — 千島醬

- 白煮蛋…1顆
- 美乃滋…7大匙
- 番茄醬…2大匙
- 醃小黃瓜泥…1大匙
- 碎洋蔥…1大匙
- 檸檬汁…1大匙
- 辣醬…1/2小匙（可省略）

→ 搗碎白煮蛋（P.24）後，將所有食材放入碗中攪拌均勻。

沙拉作法 — 2～3人份 | 20～25分鐘

- 通心麵…1杯（或其他義大利麵）
- 培根…6條
- 蘿蔓…1～2片（或其他葉菜類）
- 小番茄…10顆
- 墨西哥辣椒起司…1/2杯（或乳酪絲）
- 烤麵包…1～2片

1. 通心麵放入滾水（水7杯＋鹽1大匙）中煮13分鐘，用篩網瀝乾水分。
2. 起一熱鍋，直接放入培根不需倒入食用油，開中火烤2～3分鐘。
3. 蘿蔓切成約3～4cm段狀；番茄切成2等份；培根也切成段。
4. 將通心麵與所有食材盛入盤中，淋上醬汁，搭配現烤麵包一起享用。

托斯卡納麵包沙拉
(Panzanella)

芥末油醋醬

Panzanella是將隔夜麵包稍微沾濕,與番茄、洋蔥、橄欖油一同食用的義大利托斯卡納(Toscana)沙拉。可以使用任何麵包,但我推薦布里歐或吐司等較柔軟的麵包,因為拖鞋麵包若烤太久,會容易過硬。

醬料作法 —— 芥末油醋醬

- 第戎芥末醬…1小匙
- 鹽…1小匙
- 砂糖…1大匙
- 蜂蜜…1大匙（或果糖、龍舌蘭糖漿）
- 紅酒醋（或其他食醋）
- 檸檬汁…1大匙
- 奧勒岡…1/4小匙（可省略）
- 特級初榨橄欖油…3大匙

→ 將所有食材放入碗中攪拌均勻。

沙拉作法　2～3人份｜25～30分鐘

- 香料麵包乾…1杯
- 蘿蔓…1～2片（或其他葉菜類）
- 黑橄欖…10顆
- 小番茄…6～8顆
- 紫洋蔥…1/2顆
- 雞蛋…2顆
- 羅勒…2～3片（可省略）

1. 香料麵包乾可參考P.27的製作方式準備。
2. 蘿蔓切成約3～4cm段狀；黑橄欖與小番茄對切成2等份。
3. 紫洋蔥逆紋對半切開，切成圓形薄片，在冷水中浸泡10～15分鐘後，用篩網過濾掉水分。
4. 將雞蛋打入碗中，備用。
5. 起一湯鍋放入水（5杯）、鹽（1小匙）、食醋（1大匙），開中火待水到達80℃左右（開始冒泡、還不到冒煙的階段），將雞蛋輕輕放入水中，到煮熟約需2分30秒，用篩網撈出（參考P.22）。
6. 將香料麵包乾與所有食材盛入碗中，淋上醬汁，即完成。

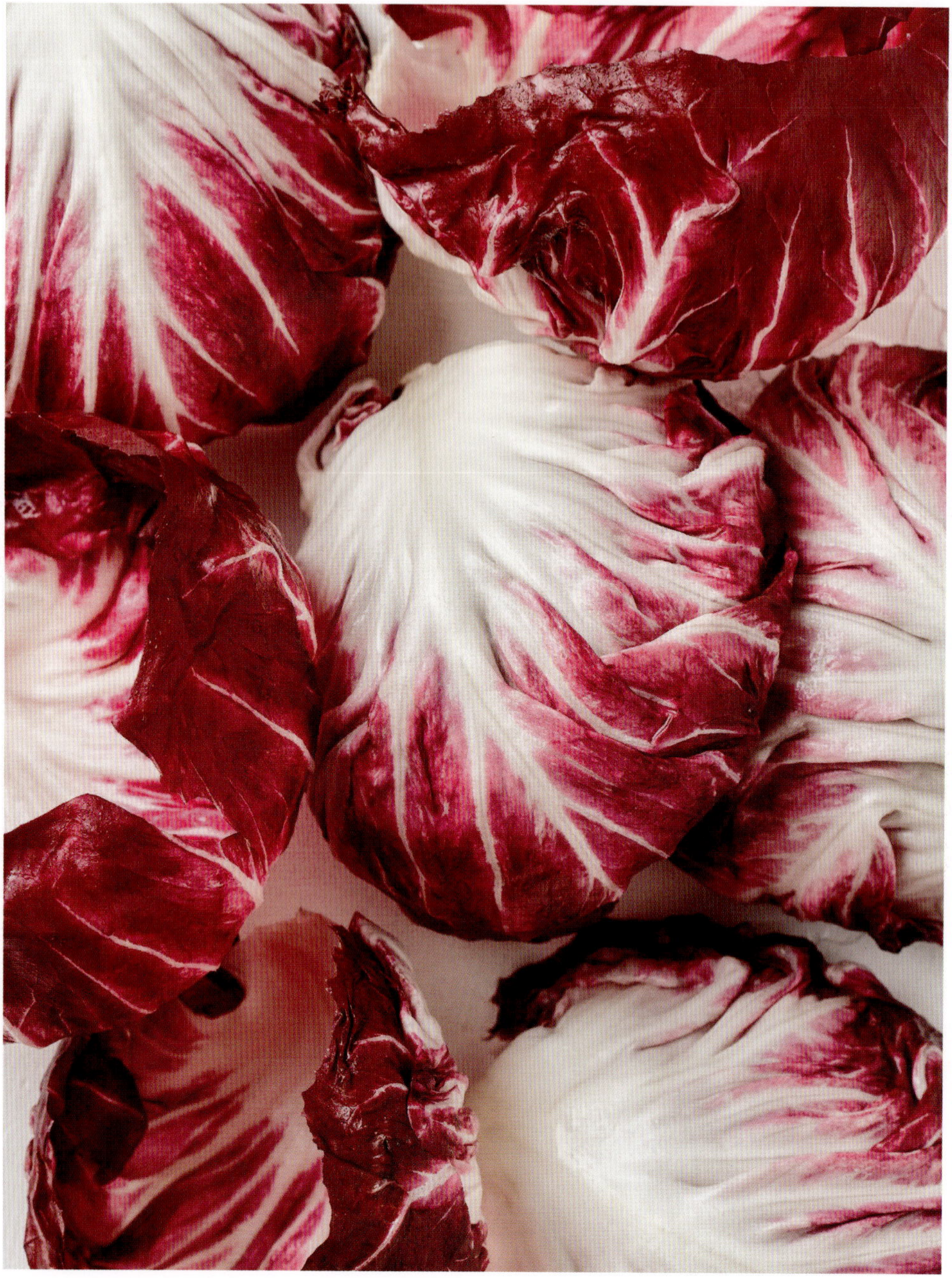

Chapter 3

晚餐正餐沙拉

這章會介紹適合與重要友人共進晚餐時，所準備的豐盛沙拉。從扮演配角的輕食沙拉到可當成主餐的肉類與海鮮沙拉，種類豐富多變，且擁有滿滿的蛋白質，是一頓人人稱羨的健康晚餐。

Dinner

蒸蔬菜沙拉

腰果白醬

TIP
挑選蔬菜
也可用紅蘿蔔、馬鈴薯、櫛瓜等較硬的蔬菜替代。

消化蔬菜最佳的料理方式就是「蒸」，比汆燙更能留住蔬菜的營養，同時幫助腸胃蠕動，特別推薦給孩童、老人與減肥者。腰果白醬是使用不含乳製品的植物性奶油，相當適合搭配烤或蒸蔬菜的佐料。

醬料作法 — 腰果白醬

- 腰果…1/2杯
- 無糖燕麥奶…1/2杯（或豆奶、杏仁奶）
- 大蒜…1瓣
- 檸檬汁…1/2大匙
- 砂糖…1/2小匙
- 鹽…1/2小匙

→ 起一湯鍋放入腰果，倒入與腰果相同高度的水量，轉中火煮10分鐘左右。再將煮過的腰果與其他食材，一起放入食物調理機中磨碎。

＊若是使用含糖的燕麥奶，即可省略砂糖。

沙拉作法   2～3人份｜25～35分鐘

- 南瓜…1/2顆（400g）
- 蓮藕…直徑5cm、長度10cm（150g）
- 地瓜…1條（200g）
- 花椰菜…1/2顆（150g）
- 甜椒…1顆（200g）

1. 南瓜去除外皮與籽；蓮藕削去外皮。
2. 南瓜、蓮藕與地瓜切成適口大小。
3. 花椰菜剝成小朵；甜椒去除內膜與籽，切成適口大小的片狀。
4. 將所有蔬菜放入蒸鍋中，蒸約10～15分鐘。

   ＊若要保持甜椒的清脆口感，建議於最後2分鐘左右再放進蒸鍋。

5. 將所有蔬菜食材盛入盤中，沾取腰果白醬一起享用。

   ＊可以直接品嚐蔬菜的原味，或在最後撒上鹽、胡椒粉與特級初榨橄欖油簡單調味。

Chapter3 _ 晚餐正餐沙拉

綜合菇
拼盤沙拉

法式芥末醬

相當受素食朋友們喜愛的各種菇類，咀嚼口感有點接近肉類，十分具有彈性，是兼具香味與營養素的優良食材。綜合菇拼盤沙拉可與戳破的蛋黃混合著吃，香濃可口、讓人忍不住一口接著一口。

醬料作法 — 法式芥末醬

- 法式芥末醬…1小匙
- 白酒醋…1大匙（或其他食醋）
- 檸檬汁…1大匙
- 特級初榨橄欖油…3大匙
- 蜂蜜…1大匙（或果糖、龍舌蘭糖漿）
- 砂糖…1大匙
- 鹽…1小匙

→ 將所有食材放入碗中攪拌均勻。

沙拉作法 — 2人份 | 20～25分鐘

- 菇類…400～450g（香菇、杏鮑菇、鴻喜菇等）
- 菊苣…1把（或其他葉菜類50g）
- 雞蛋…2顆
- 碎香芹…少許（可省略）

醃醬
- 特級初榨橄欖油…2～3大匙
- 鹽…少許
- 胡椒粉…少許

1. 烤箱預熱180℃。菇類與菊苣切成適口大小的段狀。
2. 菇類鋪在烤盤上，均勻地淋上醃醬後，放入烤箱烤6分鐘左右。
   * 可將菇類放入平底鍋，轉中火不停翻面煎5～10分鐘，會有不同的風味。
3. 將雞蛋打入碗中，備用。
4. 起一湯鍋放入水（5杯）、鹽（1小匙）、食醋（1大匙），開中火待水到達80℃左右（開始冒泡、還不到冒煙的階段），將雞蛋輕輕放入水中，到煮熟約需2分30秒，用篩網撈出（參考P.22）。
5. 將所有蔬菜食材與步驟4的水波蛋盛入盤中，淋上醬汁，即完成。
   * 可將帕達諾起司或帕瑪森起司磨碎後撒上，美味更升級。

1-1　1-2　2

Chapter3 — 晚餐正餐沙拉

尼斯沙拉

芥末醬

集合番茄、馬鈴薯、雞蛋、鮪魚等豐富食材,濃縮了地中海的美味,完成法國尼斯的傳統沙拉。除了食譜中建議的蔬菜外,也可活用其他蔬菜,是想清冰箱時不錯的選擇。

醬料作法 — 芥末醬

- 第戎芥末醬…1大匙
- 鹽…1小匙
- 砂糖…1大匙
- 蜂蜜…1大匙
  （或果糖、龍舌蘭糖漿）
- 白酒醋…1大匙
- 檸檬汁…1大匙
- 奧勒岡…1/4小匙（可省略）
- 特級初榨橄欖油…3大匙

→ 將所有食材放入碗中攪拌均勻。

沙拉作法　2～3人份｜35～40分鐘

- 綜合沙拉…2把
  （或市售其他葉菜類約140g）
- 白玉馬鈴薯…10～12顆
  （或地瓜1～2條約300g）
- 雞蛋…2顆
- 鮪魚罐頭…1罐
  （或其他魚肉100g）
- 四季豆…10個
  （或蘆筍3～4條）
- 小番茄…5顆
- 紫洋蔥…1/2顆
- 黑橄欖…7～8顆

1. 綜合沙拉可參考P.15的製作方式準備。白玉馬鈴薯用刷子清洗乾淨後，帶皮對切成兩半。
2. 起一湯鍋，放入馬鈴薯，將水倒入淹過馬鈴薯的高度，放入1小匙鹽，開大火，待水滾後轉中火。大約15～18分鐘，馬鈴薯熟了之後，用篩網過濾水分。
3. 紫洋蔥逆紋對半切開，切成圓形薄片，在冷水中浸泡10～15分鐘後，用篩網撈起，瀝乾水分備用。
4. 白煮蛋可參考P.24的製作方式，利用冷水降溫後，剝去蛋殼，再對切成兩半。
5. 四季豆以滾水（水5杯＋鹽1小匙）燙30秒後，瀝乾水分備用。
6. 將燙過的四季豆切成兩段，小番茄對切成半。
7. 將綜合沙拉與所有食材盛入盤中，淋上醬汁即完成。

＊可依個人喜好，決定是否濾掉鮪魚罐頭的油汁。

Chapter3 — 晚餐正餐沙拉

炸雞凱薩沙拉

凱薩醬

源自於1920年代的美國，深受全球人們喜愛的一款沙拉。加入蘿蔓生菜會更道地，豐盛又營養，是非常適合家庭派對時準備的料理。最後淋上一點芥末油醋醬（P.49），鋪上滿滿的碎起司，味道濃郁、令人難以忘懷。

醬料作法 —— 凱薩醬

- 鯷魚碎…2條
- 洋蔥碎…1/2大匙
- 酸豆泥…1/2大匙（或酸黃瓜泥）
- 美乃滋…6～7大匙
- 義大利香醋…1/2大匙
- 檸檬汁…1小匙
- 辣醬…1/2小匙（可省略）
- 第戎芥末醬…1/2小匙（或法式芥末醬）
- 果糖…1大匙
- 特級初榨橄欖油…1大匙
- 胡椒粉…少許
- 辣椒粉…少許（可省略）

→ 將所有食材放入碗中攪拌均勻。

＊也可直接將鯷魚、洋蔥與酸豆，放入食物調理機中磨碎。

沙拉作法   2～3人份｜20～25分鐘

- 蘿蔓…1～2顆
- 雞胸肉…2片
- 香料麵包乾…1/2杯
- 帕達諾起司粉…1/4杯（或帕馬森起司粉）
- 芥末油醋醬…少許（可省略）

—— 醃醬
- 特鹽…少許
- 胡椒粉…少許
- 紅椒粉…少許（可省略）
- 特級初榨橄欖油…少許

1. 香料麵包乾與芥末油醋醬，可參考P.27、P.49的製作方式準備。
2. 將蘿蔓生菜洗淨，對切成長條的片狀。
3. 雞胸肉均勻地抹上醃醬。
4. 將雞胸肉放入烤盤，烤箱預熱180℃，放入烤箱烤12分鐘左右，取出切成適口大小備用。

    ＊如果因為太厚導致雞胸肉內部無法熟透，可在表面劃一刀，繼續煎熟。

5. 將蘿蔓放在盤子上，淋上凱薩醬，再依序放上雞胸肉、香料麵包乾、帕達諾起司粉、芥末油醋醬，即完成。

    ＊凱薩醬較為濃稠，不太容易在蘿蔓葉中流動，加上以油為基底的芥末油醋醬，可讓醬汁完整滲透在蘿蔓葉中。

2   4

Chapter3 _ 晚餐正餐沙拉

雞胸肉
甜菜根沙拉

紅酒醬

這是一道擁有華麗色彩的沙拉,甜菜根撒上義大利香醋後烘烤,會比生吃減少一點土的味道。這道菜的另一個亮點,就是具有嚼勁的甜柿餅!如果手邊沒有柿餅,也可使用杏桃乾、李子乾等果乾類取代。

醬料作法 — 紅酒醬

- 紫洋蔥碎…1大匙（或洋蔥）
- 紅酒醋…2大匙（或義大利香醋）
- 檸檬汁…1大匙
- 特級初榨橄欖油…2大匙
- 葡萄籽油…2大匙
- 第戎芥末醬…1小匙（或法式芥末醬）
- 蜂蜜…1大匙
- 砂糖、鹽…1小匙
- 胡椒粉…少許

→ 將所有食材放入碗中攪拌均勻。

＊單獨使用特級初榨橄欖油，會產生酸味，建議與葡萄籽油一同使用。

沙拉作法　2～3人份｜30～40分鐘

- 雞胸肉…2片
- 甜菜根…1顆（400g）
- 小黃瓜…1/2條（100g）
- 柿餅…1個（或其他果乾）
- 薄荷…少許（可省略）
- 鹽…少許
- 胡椒粉…少許
- 食用油…少許

醃醬
- 義大利香醋…3大匙
- 楓糖漿…2大匙（或果糖）
- 特級初榨橄欖油…2大匙
- 鹽…少許
- 胡椒粉…少許

1. 烤箱預熱160℃。甜菜根去皮切成1～1.5cm左右塊狀。
2. 將甜菜根放在烤盤上，均勻地淋上醃醬，放入烤箱烤12～15分鐘。
   ＊也可使用平底鍋，以中火煎12～15分鐘，會有不同的風味。
3. 雞胸肉兩面抹上少許鹽與胡椒粉，起一熱鍋，倒入食用油，以中火煎8～10分鐘，切成1～2cm的塊狀。
   ＊如果因為太厚導致雞胸肉內部無法熟透，可在表面劃一刀，繼續煎熟。
4. 小黃瓜切成4等份的長條狀，去掉內側的籽，切成適口大小，撒上鹽（1/2小匙），醃5分鐘左右，再用手輕輕將水分擠掉。
5. 將柿餅撥開、去籽，切成薄片備用。
6. 雞胸肉、甜菜根、小黃瓜、柿餅與醬汁輕拌後放入碗中，再撒上薄荷。

葡式辣味雞沙拉

葡式烤雞辣醬

從知名炸雞品牌的辣醬,發想而成的辣椒醬汁。可以直接淋在沙拉上吃,但若先醃漬後再烤來吃,會更加入味。比較省時的方法,就是直接當成醬汁,抹在雞肉上烤來享用。

Chapter3 _ 晚餐正餐沙拉

醬料作法 — 葡式烤雞辣醬（peri peri sauce）

- 紅椒…2顆（400g）
- 墨西哥辣椒…1大匙
- 辣醬…1大匙
- 辣椒粉…1大匙（可省略）
- 蒜泥…1大匙
- 檸檬汁…1大匙
- 砂糖…1大匙
- 特級初榨橄欖油…1大匙
- 鹽…1小匙
- 芹菜葉…2～3片

→ 可參考沙拉作法的步驟2，紅椒先烤過，再將所有食材放入食物調理機磨碎。
＊泰國辣椒、葡萄牙辣椒、韓國青陽辣椒等，一起加入磨碎，適合想挑戰辣度的人。

沙拉作法　2人份｜25～35分鐘

- 雞腿肉…4片（360～400g）
- 綜合沙拉…2把
（或市售其他葉菜類約140g）
- 鹽…少許
- 胡椒粉…少許
- 芥末油醋醬…2大匙（可省略）
- 食用油…少許
- 碎香芹…少許（可省略）

1. 綜合沙拉與芥末油醋醬，可參考P.15、P.49的製作方式準備。
2. 烤箱預熱200℃。醬汁用的紅椒對切成兩半，去籽後鋪在烤盤上，放入烤箱烤15分鐘，放涼後即可用於醬汁。
3. 雞腿肉上劃幾刀，待醬汁入味後，撒上鹽與胡椒粉調味，備用。
4. 起一熱鍋，倒入食用油，雞腿肉帶皮的部分朝下，以中火煎15分鐘，至雞腿肉呈金黃色並全熟。
5. 將綜合沙拉、雞腿肉盛入盤中，綜合沙拉淋上芥末油醋醬、雞腿肉淋上葡式烤雞辣醬，最後撒上碎香芹，即完成。

馬薩拉
烤雞沙拉

墨西哥辣椒優格醬

用馬薩拉醬調味、醃漬後烘烤的雞胸肉，與優格醬汁的組合，是一道充滿印度風情的家鄉沙拉。若再撒上搗碎的香菜葉或其他香料，香氣更加濃郁，讓你一口接著一口，停不下來。

醬料作法 — 墨西哥辣椒優格醬

- 墨西哥辣椒片⋯1/2杯
- 優格⋯1杯（200g）
- 蒜泥⋯1/2大匙
- 蜂蜜⋯2大匙（或果糖、龍舌蘭糖漿）
- 檸檬汁⋯2大匙
- 特級初榨橄欖油⋯5大匙
- 鹽⋯1小匙
- 香菜⋯少許（可省略）

→ 將所有食材放入食物調理機磨碎。

沙拉作法 — 2人份 | 35～40分鐘

- 雞胸肉⋯3片
- 綜合沙拉⋯2把（或市售其他葉菜類140g）
- 墨西哥辣椒片⋯10片
- 鹽⋯少許
- 胡椒粉⋯少許
- 香菜⋯1杯

馬薩拉醃料

- 優格⋯1杯（200g）
- 蒜泥⋯1大匙
- 葡萄籽油⋯1大匙
- 辣椒粉⋯2小匙（可省略）
- 卡宴辣椒粉⋯1小匙（可省略）
- 肉豆蔻粉⋯1小匙（可省略）
- 薑黃粉⋯1小匙
- 鹽⋯少許
- 胡椒粉⋯少許

1. 綜合沙拉可參考P.15的製作方式準備。
2. 雞胸肉表面劃3～4刀後，撒上少許鹽與胡椒粉。
3. 烤箱預熱200℃。雞胸肉抹上攪拌好的馬薩拉醃料，塗抹均勻，靜置10分鐘。
4. 將雞胸肉放到烤盤上，放入預熱烤箱烤13～15分鐘，切成適口大小。
    * 也可將雞胸肉放入熱鍋中，以中火煎煮8～10分鐘左右，會有另一種風味。若因內部太厚無法熟透時，可多切幾刀，再煎一次。
5. 將雞胸肉、綜合沙拉與所有食材盛入碗中，淋上醬汁，即完成。

豬頸肉櫛瓜沙拉

鳳梨美乃滋醬

---- TIP

在平底鍋煎櫛瓜

在熱鍋中倒入食用油，放入櫛瓜後，撒上少許鹽、胡椒粉，大火正反面各煎1分鐘左右。櫛瓜是可以生吃的蔬菜，所以不需要煎太久，只需要稍微加熱，即可保留酥脆度。

豬頸肉片與櫛瓜組合的豐盛沙拉，搭配酸酸甜甜的鳳梨醬汁，更能突顯豬肉風味。豬頸肉油花均勻，吃起來鮮嫩脆口，與鮮綠的櫛瓜一起擺盤，視覺效果更棒。相當適合作為露營料理。

醬料作法 — 鳳梨美乃滋醬

- 鳳梨片…1個（約70g）
- 洋蔥碎…1大匙
- 美乃滋…4大匙
- 食醋…1大匙
- 砂糖…1大匙
- 鹽…1/2小匙
- 胡椒粉…少許

→ 將所有食材放入食物調理機磨碎。

沙拉作法　2～3人份｜20～30分鐘

- 豬頸肉…300g
- 蘿蔓…1～2顆（或其他葉菜類）
- 櫛瓜…1/2顆（250g或栗子南瓜1顆）
- 鹽…少許
- 胡椒粉…少許
- 特級初榨橄欖油…少許

1. 烤箱預熱180℃。櫛瓜以削皮器削成0.5cm的薄片。
   ＊也可直接用刀切成薄片。
2. 將櫛瓜鋪在烤盤上，撒上鹽、胡椒粉、特級初榨橄欖油後，放入烤箱烤3分鐘左右。
3. 蘿蔓切除根部，切成約3～4cm段狀；豬頸肉切成1.5～2cm左右段狀。
4. 起一熱鍋，直接放入豬頸肉，不需倒入食用油，撒點鹽與胡椒粉調味，轉中火煎5～6分鐘。
5. 將豬頸肉與所食材盛入盤中，淋上醬汁，即完成。

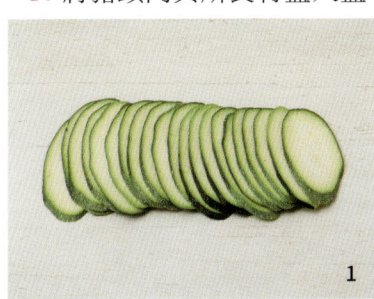

Chapter3_晚餐正餐沙拉

肉丸
馬鈴薯沙拉

田園沙拉醬

一盤就能同時攝取五大營養素的綜合沙拉。一次一口肉丸與馬鈴薯，適合與孩子一同享用。肉丸可以一口氣先做好，放入冷凍保存，需要使用時再取出，省時又便利。

醬料作法 — 田園沙拉醬

- 洋蔥碎…1大匙
- 美乃滋…2大匙
- 優格…2大匙
- 砂糖…1小匙
- 鹽…1/2小匙
- 胡椒粉…少許
- 碎義大利香芹…少許

→ 將所有食材放入碗中攪拌均勻。

沙拉作法　2～3人份｜35～45分鐘

- 白玉馬鈴薯…6～8顆（或馬鈴薯1顆約200g）
- 芝麻葉…1把（50g）
- 奶油…1大匙
- 鹽…少許
- 胡椒粉…少許
- 食用油…少許

肉丸材料

- 牛絞肉…400g
- 雞蛋…1顆
- 辣椒粉…1大匙（可省略）
- 鹽…1小匙
- 胡椒粉…1小匙
- 蒜泥…1小匙
- 麵包粉…1/4杯

1. 烤箱預熱190℃。將製作肉丸的材料放入碗中攪拌，用挖冰勺或湯匙做成肉丸（每一顆約45～50g）。
2. 將肉丸放在烤盤上，淋上少許食用油，放入烤箱烤10～15分鐘。
   ＊也可使用平底鍋，倒入食用油，放入肉丸後轉中火邊煎邊翻滾，約5分鐘。表面煎至微焦，再續煎7～8分鐘至熟透。
3. 白玉馬鈴薯用刷子清洗乾淨，帶皮切成兩等份。將白玉馬鈴薯放入鍋中，倒入淹過馬鈴薯高度的水量，加入鹽（1小匙），大火煮滾後轉中火煮約15～18分鐘，用篩網撈起瀝乾水分。
4. 起一熱鍋，放入奶油，將白玉馬鈴薯煎熟，撒上鹽與胡椒粉調味。
5. 將白玉馬鈴薯、洗淨的芝麻葉與所有食材盛入盤中，淋上醬汁，即完成。
   ＊搭配法式芥末醬也很好吃。

Chapter 3 — 晚餐正餐沙拉

塔可沙拉

*美式辣醬（Catalina），塔可的醬汁多半都是用番茄酸甜風味的墨西哥醬汁，可使用家中現有的食材製作，也可直接購買市售醬汁。

美式辣醬

盤中放入墨西哥玉米脆片，亦可以牛排、雞胸肉、蝦子等各種富含蛋白質的食材取代牛絞肉，或加入其他喜歡的食材。將沙拉當成餡料包入墨西哥餅皮中，就能野餐時隨身帶著走。

醬料作法　　美式辣醬（Catalina）*

- 砂糖⋯2大匙
- 食醋⋯2大匙
- 葡萄籽油⋯2大匙
- 番茄醬⋯1大匙
- 辣椒粉⋯1小匙（可省略）
- 碎香芹⋯1小匙（可省略）
- 奧勒岡⋯少許（可省略）

→ 將所有食材放入碗中攪拌均勻。

沙拉作法　　2～3人份｜25～35分鐘

- 牛絞肉⋯200g
- 罐頭玉米⋯1杯
- 紫洋蔥⋯1/2顆
- 蘿蔓⋯1～2顆（或萵苣）
- 小番茄⋯10顆
- 黑橄欖⋯8顆
- 酪梨⋯1顆
- 玉米脆片⋯1杯
- 乳酪絲⋯1/2杯
- 酸奶油⋯3大匙（或較濃稠的優格）
- 食用油⋯少許

醃醬
- 咖哩粉⋯1大匙
- 辣椒粉⋯1/2大匙（可省略）

1. 紫洋蔥切成薄片，浸泡於冷水中約10～15分鐘後，用篩網撈起瀝乾水分備用。
2. 將蘿蔓切成1cm大小片狀；小番茄對切成2等份；黑橄欖切成薄片。
3. 酪梨切對半，去籽、去皮，切成1.5cm大小丁狀。
4. 玉米脆片壓碎成適口大小，備用。
5. 取一大碗，放入牛絞肉與醃醬，攪拌均勻備用。
6. 起一熱鍋，倒入食用油，倒入步驟5的牛絞肉，轉大火炒3～5分鐘左右，注意不要炒焦。
7. 將牛絞肉與所有食材盛入碗中，淋上醬汁，即完成。

牛排沙拉

蘿蔔葉青醬

TIP
剩餘蘿蔔葉醃漬可參考P.91的製作方式。

像牛排又像沙拉,是一道作為主菜也毫不遜色的沙拉料理。蘿蔔葉青醬可以當成牛排沾醬,也可與蔬菜一起食用,是非常百搭萬用的醬汁。

醬料作法 — 蘿蔔葉青醬

- 蘿蔔葉…180g（或芝麻葉）
- 帕達諾起司…80g（或帕瑪森起司）
- 炒花生…約1/2杯（60g）
- 特級初榨橄欖油…1杯（200g）
- 蒜泥…1/2大匙
- 鹽…2小匙（8g）

→ 將所有食材放入調理機磨碎。

＊青醬可以多做一點，剩餘放入冷藏保存7天；或做成冰塊放入夾鏈袋中，放入冷凍保存3個月，可活用於各種蔬菜料理、沙拉或義大利麵等。

沙拉作法 — 2人份｜25～30分鐘

- 沙朗牛排…300～400g
- 蘿蔓…1～2顆（或其他葉菜類）
- 小番茄…10顆
- 紫洋蔥…1/4顆（或洋蔥）
- 蘿蔔葉青醬…2大匙
- 法式芥末醬…1大匙
- 芥末油醋醬…少許（可省略）

醃醬
- 特級初榨橄欖油…1～2大匙
- 鹽…少許
- 胡椒粉…少許

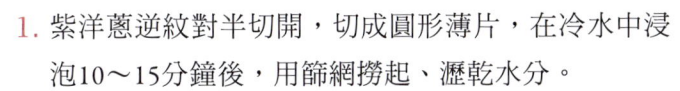

1. 紫洋蔥逆紋對半切開，切成圓形薄片，在冷水中浸泡10～15分鐘後，用篩網撈起、瀝乾水分。
2. 將蘿蔓去除根部，再分成4等份；小番茄對切成2等份。
3. 將醃醬均勻地淋在沙朗牛排上，放入平底鍋中，用大火兩面各煎3～4分鐘，至5分熟。
   ＊可依個人喜好的熟度調整時間長短。
4. 將步驟3的牛排切成適口大小，與蘿蔓、小番茄、紫洋蔥一起盛入盤中，搭配蘿蔔葉青醬與法式芥末醬，並將芥末油醋醬淋在蘿蔓上，即可享用。

Chapter3 — 晚餐正餐沙拉

英式燒牛肉沙拉

鮪魚醬

用沙朗牛排做成的義大利菜「皮埃蒙特式冷盤（Vitello tonnato）」，原來也能在家自己料理。配上充滿驚喜感的牛肉與鮪魚醬，一入口肯定會相當驚艷。

132

海鮮拼盤沙拉 芥末油醬

以汆燙的方式，品嚐到海鮮的原味，是一道新鮮且蛋白質滿滿的沙拉。建議做好後不要馬上吃，放到隔天當成冷盤，會更美味。

英式燒牛肉沙拉

醬汁作法 — 鮪魚醬

- 鮪魚罐頭⋯1罐（150g）
- 洋蔥碎⋯2大匙
- 酸豆⋯1大匙（或酸黃瓜泥）
- 美乃滋⋯5大匙
- 檸檬汁⋯1大匙
- 特級初榨橄欖油⋯1/2大匙
- 砂糖⋯1小匙
- 鹽⋯1/2小匙
- 胡椒粉⋯1小匙

→ 盡量將鮪魚罐頭的水分瀝乾，將所有食材放入調理機磨碎。

沙拉作法 — 2～3人份｜35～45分鐘

- 沙朗牛排⋯600g
- 芝麻葉⋯1把（50g）
- 橘子⋯1顆
- 小番茄⋯5～6顆
- 食用油⋯4大匙
- 胡椒粉⋯少許
- 特級初榨橄欖油⋯少許

綜合調味醬
- 辣椒粉⋯1大匙（可省略）
- 薑黃粉⋯1大匙（或咖哩粉）
- 特級初榨橄欖油⋯3大匙
- 鹽⋯2小匙
- 胡椒粉⋯1小匙

1. 在碗中放入綜合調味醬的材料後，攪拌均勻備用。

2. 將綜合調味醬均勻地淋在沙朗牛排上，靜置一會兒；烤箱預熱180℃。

3. 起一熱鍋,倒入食用油,放入沙朗牛排,用大火不停翻面煎4分鐘。

   *若使用可放入烤箱的鑄鐵烤盤,下一步就可直接放入烤箱。

4. 將烤盤放入烤箱烤15～18分鐘。

   *牛肉較厚,內部可能不易熟透,因此要用烤箱再烤一次。

5. 先切掉橘子蒂頭與尾端,剝除外皮後,用刀取出橘子內側的果肉。

6. 將小番茄對切成2等份。

7. 將步驟4烤好的牛排切成薄片狀。

8. 將牛肉片、洗淨的芝麻葉、橘子果肉、小番茄盛入盤中,淋上醬汁與特級初榨橄欖油,撒上少許胡椒粉,即完成。

   *加入少許芥末油醋醬（P.49）會更好吃。

海鮮拼盤沙拉

醬汁作法 — 芥末油醬

- 法式芥末醬⋯1大匙
- 檸檬汁⋯3大匙
- 香檳醋⋯3又1/2大匙（或其他食醋）
- 特級初榨橄欖油⋯6又1/2大匙
- 碎義大利香芹⋯1大匙（或蒔蘿）
- 鹽⋯1小匙

→ 將所有食材放入碗中攪拌均勻。

沙拉作法 — 2～3人份｜50～60分鐘

- 干貝⋯12顆（或牛角貝）
- 特大號鮮蝦⋯12尾
- 魷魚⋯1條（250g）
- 紫洋蔥⋯1/4顆
- 芹菜⋯1根20cm
- 酸豆⋯1大匙
- 綠橄欖⋯8顆
- 日曬番茄乾⋯1/4杯
  （可參考P.19的製作方式）

— 法式湯底

- 水⋯8～10杯
- 白酒⋯1/2杯（或料理酒）
- 白酒醋⋯1/4杯（或其他食醋）
- 剩餘蔬菜⋯1～2杯（紅蘿蔔、洋蔥、芹菜等）
- 檸檬⋯1/2顆
- 鹽⋯1大匙
- 胡椒粒⋯6粒

1. 紫洋蔥、芹菜切成5cm長段狀，放入冷水浸泡5分鐘，用篩網瀝乾水分。

2. 干貝保持原形，橫切成2等份片狀。

   ＊若是用牛角貝，請先去殼和去除邊緣的貝柱。

3. 鮮蝦去除腸泥，如圖中在蝦背上劃上一刀。

4. 使用料理剪把魷魚和身體的連結剪開，慢慢將腳拉出來，切除內臟和眼睛，取出身體內的軟骨、將身體清洗乾淨。

5. 魷魚用流水洗淨後，將身體部分切成環狀，腳的部分切成4～5cm的段狀。

6. 起一湯鍋，放入法式湯底的所有材料後，燉煮10分鐘，再撈出所有食材。

7. 分別將干貝、鮮蝦、魷魚放入步驟6的湯底汆燙約2～3分鐘後，用篩網撈起備用。

8. 將汆燙好的海鮮、所有食材與醬汁輕拌後，盛入盤中，即完成。

「廚師的祕訣」

善用法式湯底（court bouillon）汆燙海鮮

「法式湯底」是西洋料理中，將食醋、辛香料與蔬菜放入水中熬煮，運用於汆燙海鮮與肉類，會比使用清水來得柔嫩鮮甜。不需要刻意準備食材，僅需使用冰箱剩餘的蔬菜、鹽、食醋、紅酒（或料理酒）即可。

鮭魚
塔可飯沙拉

番茄莎莎醬

香噴噴的烤鮭魚與酸甜的番茄莎莎醬，組合而成的墨西哥風味沙拉。塔可飯的配料可隨心所欲變化，一口氣同時享用各種不同配料。除了書中介紹的材料外，嘗試混搭新食材也是一種樂趣。

醬料作法 — 番茄莎莎醬

- 碎小番茄…1/2杯
- 洋蔥碎…1/2杯
- 碎墨西哥辣椒…1大匙
- 番茄醬…6大匙
- 檸檬汁…1大匙
- 辣醬…1小匙（可省略）
- 孜然粉…1小匙（可省略）
- 砂糖…1/2小匙
- 鹽…1/2小匙
- 碎香芹…1/2小匙
- 胡椒粉…少許

→ 將所有食材放入碗中攪拌均勻。

沙拉作法 — 2人份｜30～40分鐘

- 全穀飯…1杯
- 鮭魚排…1片（250～300g）
- 萵苣…1/2顆（200g）
- 小番茄…7～8顆
- 墨西哥辣椒片…1/4杯
- 橄欖…10顆（綠橄欖或黑橄欖）
- 橘子果汁…1杯
- 乳酪絲…1/2杯
- 碎香芹…少許（可省略）

醃醬
- 特級初榨橄欖油…1～2大匙
- 鹽…少許
- 胡椒粉…少許

1. 全穀飯可參考P.28的製作方式準備。
2. 鮭魚排均勻地淋上醃醬，靜置約2～3分鐘後，再淋上橘子果汁醃漬。
3. 烤箱預熱200℃。萵苣撕成適口大小片狀、橄欖切成薄片、小番茄對切成2等份。
4. 烤盤鋪上醃漬好的鮭魚，放入烤箱烤15～18分鐘，切成適口大小塊狀。
   *也可使用平底鍋倒入食用油，轉中火兩面各煎5分鐘，須依據鮭魚的厚度增減時間。
5. 將全穀飯、鮭魚塊與所有食材盛入盤中，淋上番茄莎莎醬，即完成。

Chapter3 — 晚餐正餐沙拉

明蝦酪梨沙拉

蜂蜜優格醬

有明蝦、酪梨及全穀飯，份量十分扎實。雖然可以購買剝好殼的明蝦，但若使用帶殼明蝦，從剝殼、去除腸泥，到煎烤都親自處理的話，就能體會到味道上的差異。明蝦的盛產季節是秋天，可以趁秋季來臨大啖海鮮。

Chapter3 — 晚餐正餐沙拉

醬料作法 — 蜂蜜優格醬

- 優格…1杯（200g）
- 砂糖…1大匙
- 蜂蜜…1大匙（果糖或龍舌蘭糖漿）
- 檸檬汁…1小匙
- 特級初榨橄欖油…2大匙
- 鹽…1小匙
- 胡椒粉…少許

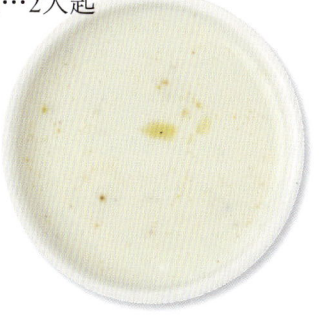

→ 將所有食材放入碗中攪拌均勻。

沙拉作法 2～3人份｜20～30分鐘

- 全穀米…1杯
- 綜合沙拉…2把（或市售其他葉菜類約140g）
- 明蝦…12～15隻
- 紫洋蔥…1/2顆
- 酪梨…1顆
- 綠橄欖…10顆
- 食用油…少許

醃醬
- 辣椒粉…少許（可省略）
- 鹽…少許
- 胡椒粉…少許

1. 全穀米、綜合沙拉可參考P.28、P.15的製作方式準備。
2. 紫洋蔥逆紋對半切開，切成圓形薄片，在冷水中浸泡10～15分鐘後，用篩網撈起、瀝乾水分。
3. 酪梨對半切開，去籽、去皮後，切成1.5cm的塊狀；綠橄欖切成薄片。
4. 明蝦去除頭尾，剝除外殼後，均勻地淋上醃醬。起一熱鍋，倒入食用油，放入明蝦後轉中火煎3分鐘。
5. 將全穀米、綜合沙拉、明蝦與所有食材盛入盤中，淋上醬汁，即完成。

生鮪魚
蕎麥麵沙拉

柚子醋醬

即使不去高級日本料理店,在家也能享用好吃的生鮪魚蕎麥麵沙拉。只要是鮭魚、青魽等肉質鮮甜的生魚片都可以替換。蕎麥麵部分,則建議使用乾蕎麥麵,比生蕎麥麵更適合搭配沙拉。

醬料作法 — 柚子醋醬

- 柚子蜜…3大匙
- 釀造醬油…2大匙
- 食醋…2大匙
- 檸檬汁…2大匙
- 特級初榨橄欖油…3大匙
- 礦泉水…2大匙

→ 將所有食材放入碗中攪拌均勻。

沙拉作法 — 2人份 | 25～35分鐘

- 鮪魚生魚片…200g
- 蕎麥麵…140g
- 泡開的海帶…1/2杯
- 小黃瓜…1/2條（100g）
- 檸檬…1/2顆
- 豆皮…4～5片

1. 小黃瓜切絲；檸檬切成薄片；豆皮切成0.5cm寬的條狀備用。
2. 鮪魚生魚片切成1.5～2cm的丁狀備用。
   ＊冷凍鮪魚片可用鹽水（水5杯＋鹽1小匙）清洗後，用篩網瀝乾水分，待變軟後即可切成丁狀。
3. 將泡開的海帶輕輕擰乾水分，切成2cm寬的條狀。
   ＊泡開的海帶放入滾水中汆燙30秒左右，會更柔軟。
4. 蕎麥麵放入滾水中，參考外包裝上說明的料理時間煮熟，再用冷水沖洗後用篩網瀝乾水分。
5. 將鮪魚丁、蕎麥麵與所有食材盛入碗中，淋上醬汁，即完成。

Chapter3＿晚餐正餐沙拉

燻鴨
黑芝麻沙拉

東洋風味醬

燻鴨與韭菜加上東洋風味醬,立刻完成道地的韓式沙拉。想節省時間的時候,可以使用市售燻鴨,製作起來相當簡單。最後再撒上黑芝麻,就能增添極致風味,推薦大家嘗試看看。

醬料作法 — 東洋風味醬

- 釀造醬油⋯2大匙
- 釀造食醋⋯2大匙
- 砂糖⋯2大匙
- 果糖⋯1大匙
- 香油⋯1大匙
- 葡萄籽油⋯4大匙
- 芝麻粒⋯1大匙
- 礦泉水⋯2大匙

→ 將所有食材放入碗中攪拌均勻。

沙拉作法 — 2人份｜20～30分鐘

- 燻鴨⋯300g
- 韭菜⋯1把（或菠菜50g）
- 紫洋蔥⋯1/2顆
- 黑芝麻⋯3大匙

1. 烤箱預熱170℃。韭菜切成長6～8cm；紫洋蔥切絲，在冷水中浸泡5分鐘左右，用篩網瀝乾水分。
2. 將燻鴨放在烤盤上，放入烤箱烤10～12分鐘。
   ＊亦可使用平底鍋，以中火烤5～6分鐘。
3. 黑芝麻用食物調理機或專用研磨器磨碎。
4. 在碗中依序放入韭菜、紫洋蔥與燻鴨，淋上醬汁並撒上黑芝麻，即完成。

烤熱狗與
酸白菜沙拉

烤過的熱狗與白菜，搭配拌炒過的蘿蔔葉，是一道熱熱吃的沙拉。靈感來自於德國熱狗配上德國酸菜，加上麵包就是一道完美的主餐，也很適合當成下酒菜。

沙拉作法　　2～3人份 | 20～25分鐘

- 手工熱狗…6條
- 小白菜…1/2顆
  （或是高麗菜400g）
- 蘿蔔葉…4根（或菠菜1把）
- 洋蔥…1/2顆
- 特級初榨橄欖油…2大匙
- 第戎芥末醬…少許
  （或法式芥末醬）

醃醬
- 砂糖…1大匙
- 蘋果氣泡醋…3大匙（或蘋果汁1又1/2大匙＋食醋1又1/2大匙）
- 第戎芥末醬…1大匙（或法式芥末醬）
- 鹽…2小匙
- 胡椒粉…少許
- 葛縷子…少許（可省略）

1. 小白菜如圖示逆紋切絲；蘿蔔葉切成長1cm段狀；洋蔥切絲。
2. 將所有蔬菜與醃醬混合均勻，備用。
3. 起一熱鍋，倒入特級初榨橄欖油，用大火翻炒洋蔥5分鐘；再加入小白菜與蘿蔔葉炒2分鐘，最後放入蔬菜醃醬稍微拌炒。
   ＊火力過小或炒得過久，會使蔬菜流失水分，所以須用大火快炒。
4. 熱狗表面劃上數刀，放入平底鍋中，轉中火煎3～4分鐘至表面微焦。
5. 在盤中分別放入步驟3的蔬菜與熱狗，淋上第戎芥末醬，即完成。

Epilogue
讀者們的試作心得

　　15年來，分享食譜最大的收穫，應屬於和我們一同成長的忠實讀者們。本書邀請了10位忠實讀者參與食譜的試作活動，於事前提供食譜，請參加者按照食譜內容實際進行料理，再加上作者的反饋而完成。

　　以擅長蔬菜與沙拉料理的作者詳細祕訣為基礎，融合在日常生活中實際運用的讀者經驗，是相當值得收藏的料理書。

　　非常感謝讀者們在百忙之中，仍願意抽出時間試作食譜，並提供各種極具參考性的寶貴意見。

因為自己是高血脂患者，所以一直想尋找可以作為正餐的沙拉料理，剛好發現有試作活動在招募讀者，便很開心地參加了。
製作書中食譜時，完全不需將主餐和副餐分開準備，省下了繁瑣的步驟就能準備一頓正餐，真的很方便，還同時兼顧健康！
之前不知道原來烤蔬菜能呈現出食材最原始的美味，現在開始，我都會在蘑菇上淋點橄欖油，直接放入烤箱烤來吃。

__金大業

Epilogue──讀者們的試作心得

對我而言，沙拉原本只是早午餐店或一般餐廳設計來搭配主菜的副餐。經過這次試作沙拉正餐的體驗後，發現製作方法不難、食材取得簡單，且大部分都能真正吃飽，打破我以往的迷思，並讓我相信：「只要有沙拉，就能滿足一餐。」

──金秀晶

因想讓全家人能多嘗試吃蔬食，所以平時都會準備各種沙拉，但孩子們總是會說：「又要吃草？」
當我參加了試作活動後，做了幾道沙拉料理，孩子們竟變成充滿期待的表情問道：「今天要吃什麼沙拉呢？」
尤其是晚餐沙拉，豐盛程度彷彿像是在餐廳用餐，充滿舉辦家庭派對的氛圍，真的很棒！

──白那英

對於醬汁，原本只認識巴薩米克醋、東洋風味醬與美乃滋醬的我來說，真的是一種全新體驗，讓我認識了各種不同的醬汁與食材的搭配。沙拉不僅僅是副餐，也是能獨自撐場的主餐，再加上繽紛的色彩與華麗的擺盤，讓餐桌上的氣氛變得更完美！

__楊恩英

原以為沙拉是減肥專用或普通的配菜，沒想到沙拉也能成為營養滿分又具有飽足感的主餐。也同時學會了各個國家不同風味的百變沙拉，讓我對沙拉完全改觀，真的非常驚艷。

__宇冬慧

Epilogue——讀者們的試作心得

對於平時就喜歡將多樣食材混搭享用的我來說,沙拉正是符合我胃口,可以成為一餐的超級美食。
熱騰騰的馬鈴薯搭配酥脆的培根,再加上烤過的蔬菜與美味醬汁,讓我品嚐到媲美專業餐廳品質的沙拉,真的很棒。食譜出版之後,我一定要將書中的料理都做一次。

__劉璃安

第一次與作者見面是在作者經營的餐廳「local EAT」,第二次則是參加本書的試作活動。
因為這次的體驗,當遇到有人質疑沙拉是否能成為正餐時,我會很有自信的回答:「這是非常健康又能吃飽的正餐。」不只是單純的普通沙拉!

__李德西

因為參加了試作活動，因此喜歡上原本不喜歡的櫛瓜、蘿蔓與紅蘿蔔，還有能與他們搭配的醬汁，真的是絕品美味。

我試作了「鮮蝦烏龍麵沙拉」、「豬頸肉櫛瓜沙拉」，使用符合一般人口味的食材與醬汁，可說是夢幻美味的組合，吃的時候真的讚嘆不已，瘋狂推薦給大家！

__李仁聖

主要食材大多是一般人所熟悉的，但次要食材多半是我第一次接觸，味道對我來說比較陌生。試作了這些料理之後，有種發掘主廚的沙拉美食新大陸的感覺。可以自己親手作出名店料理的體驗很令人難忘。

__李華研

Epilogue—讀者們的試作心得

一直存有生菜沙拉只能生吃的偏見,但藉由這次的機會,從中發現了烤蔬菜與蒸蔬菜的美味。尤其是感受到甜菜根在不同料理方式中的特殊魅力。

我想告訴那些懷疑「沙拉怎麼有辦法吃飽?」的人,只要是「正餐沙拉」就有可能。

__張翰拉

153

食材索引

蔬菜類

茄子
- 064　焗烤千層茄子沙拉
- 078　烤蔬菜全穀沙拉
- 089　雞胸肉古斯米碎沙拉

馬鈴薯（白玉馬鈴薯）
- 044　小黃瓜馬鈴薯沙拉
- 046　德式小馬鈴薯熱沙拉
- 114　尼斯沙拉
- 126　肉丸馬鈴薯沙拉

南瓜
- 066　栗子南瓜小扁豆沙拉
- 078　烤蔬菜全穀沙拉
- 089　雞胸肉古斯米碎沙拉
- 110　蒸蔬菜沙拉

紅蘿蔔
- 042　ABC沙拉
- 056　甘藍綜合蔬菜絲沙拉
- 068　瑞可塔起司紅蘿蔔沙拉
- 074　豆腐全穀沙拉

芝麻葉
- 038　甜桃芝麻葉沙拉
- 048　番茄布拉塔沙拉
- 052　炒蛋番茄沙拉
- 086　烤甜椒與葡萄扁豆沙拉
- 089　雞胸肉古斯米碎沙拉
- 126　肉丸馬鈴薯沙拉
- 132　英式燒牛肉沙拉

菇類
- 088　大麥菇類沙拉
- 112　綜合菇拼盤沙拉

花椰菜
- 062　鮮蝦花椰菜沙拉
- 074　豆腐全穀沙拉
- 078　烤蔬菜全穀沙拉
- 110　蒸蔬菜沙拉

甜菜根
- 042　ABC沙拉
- 058　蘆筍火腿沙拉
- 082　黑米甜菜根沙拉
- 118　雞胸肉甜菜沙拉

芹菜
- 036　蘋果香蕉優格沙拉
- 056　甘藍綜合蔬菜絲沙拉
- 133　海鮮拼盤沙拉

酪梨
076　奶油蝦咖哩沙拉
128　塔可沙拉
140　明蝦酪梨沙拉

白菜
054　涼拌白菜絲沙拉
094　亞洲麵條沙拉
146　烤熱狗與酸白菜沙拉

高麗菜
056　甘藍綜合蔬菜絲沙拉
070　烤高麗菜沙拉

蘿蔔葉
089　雞胸肉古斯米碎沙拉
130　牛排沙拉
146　烤熱狗與酸白菜沙拉

小黃瓜
044　小黃瓜馬鈴薯沙拉
050　鮪魚番茄沙拉
098　泰式拌米線沙拉
118　雞胸肉甜菜根沙拉
142　生鮪魚蕎麥麵沙拉

葉菜類
058　蘆筍火腿沙拉
078　烤蔬菜全穀沙拉
089　雞胸肉古斯米碎沙拉
104　BLT通心麵沙拉
114　尼斯沙拉
120　葡式辣味雞沙拉
122　馬薩拉烤雞沙拉
124　豬頸肉櫛瓜沙拉
140　明蝦酪梨沙拉

紫洋蔥（洋蔥）
040　香料番茄沙拉
046　德式小馬鈴薯熱沙拉
050　鮪魚番茄沙拉
089　雞胸肉古斯米碎沙拉
096　鮮蝦烏龍麵沙拉
106　托斯卡納麵包沙拉
114　尼斯沙拉
128　塔可沙拉
130　牛排沙拉
140　明蝦酪梨沙拉
144　燻鴨黑芝麻沙拉
146　烤熱狗與酸白菜沙拉

櫛瓜
089　雞胸肉古斯米碎沙拉
124　豬頸肉櫛瓜沙拉

Index

食材索引

白花椰菜
078　烤蔬菜全穀沙拉
084　花椰菜飯沙拉

番茄
040　香料番茄沙拉
048　番茄布拉塔沙拉
050　鮪魚番茄沙拉
052　炒蛋番茄沙拉
062　鮮蝦花椰菜沙拉
096　鮮蝦烏龍麵沙拉
100　水管麵四季豆沙拉
102　墨西哥玉米義大利麵沙拉
104　BLT通心麵沙拉
106　托斯卡納麵包沙拉
128　塔可沙拉
130　牛排沙拉

甜椒
070　烤高麗菜沙拉
078　烤蔬菜全穀沙拉
080　超級食物沙拉
086　烤甜椒與葡萄扁豆沙拉
089　雞胸肉古斯米碎沙拉
110　蒸蔬菜沙拉
120　葡式辣味雞沙拉

穀類與豆類

穀類
074　豆腐全穀沙拉
076　奶油蝦咖哩沙拉
078　烤蔬菜全穀沙拉
080　超級食物沙拉
086　烤甜椒與葡萄扁豆沙拉
088　大麥菇類沙拉
138　鮭魚塔可飯沙拉
140　明蝦酪梨沙拉

四季豆
100　水管麵四季豆沙拉
114　尼斯沙拉

肉類與肉類加工品

雞蛋
044　小黃瓜馬鈴薯沙拉
052　炒蛋番茄沙拉
060　小菠菜雞蛋沙拉
106　托斯卡納麵包沙拉
112　綜合菇拼盤沙拉

雞肉

089　雞胸肉古斯米碎沙拉

116　炸雞凱薩沙拉

118　雞胸肉甜菜沙拉

120　葡式辣味雞沙拉

122　馬薩拉烤雞沙拉

豬肉

098　泰式拌米線沙拉

124　豬頸肉櫛瓜沙拉

牛肉

126　肉丸馬鈴薯沙拉

128　塔可沙拉

130　牛排沙拉

132　英式燒牛肉沙拉

加工食品

046　德式小馬鈴薯熱沙拉

048　番茄布拉塔沙拉

058　蘆筍火腿沙拉

060　小菠菜雞蛋沙拉

088　大麥菇類沙拉

104　BLT通心麵沙拉

146　烤熱狗與酸白菜沙拉

海鮮類

蝦子

062　鮮蝦花椰菜沙拉

076　奶油蝦咖哩沙拉

096　鮮蝦烏龍麵沙拉

100　水管麵四季豆沙拉

133　海鮮拼盤沙拉

140　明蝦酪梨沙拉

其他海鮮

133　海鮮拼盤沙拉

138　鮭魚塔可飯沙拉

142　生鮪魚蕎麥麵沙拉

Index

每天都想吃的正餐沙拉　【輕盈滿足版】

52道主廚私房料理×34款特調醬汁，當季食材變化出你的專屬美味

作　　者｜南政錫
譯　　者｜陳聖薇

責任編輯｜楊玲宜 Erin Yang
責任行銷｜朱韻淑 Vina Ju
封面裝幀｜李涵硯 Han Yen Li
版面構成｜譚思敏 Emma Tan
校　　對｜鄭世佳 Josephine Cheng

發 行 人｜林隆奮 Frank Lin
社　　長｜蘇國林 Green Su

總 編 輯｜葉怡慧 Carol Yeh
主　　編｜鄭世佳 Josephine Cheng
行銷經理｜朱韻淑 Vina Ju
業務處長｜吳宗庭 Tim Wu
業務主任｜鍾依娟 Irina Chung
　　　　　林裴瑤 Sandy Lin
業務秘書｜陳曉琪 Angel Chen
　　　　　莊皓雯 Gia Chuang

發行公司｜悅知文化　精誠資訊股份有限公司
地　　址｜105 台北市松山區復興北路99號12樓
專　　線｜(02) 2719-8811
傳　　真｜(02) 2719-7980
網　　址｜http://www.delightpress.com.tw
客服信箱｜cs@delightpress.com.tw
ISBN｜978-626-7721-16-2
建議售價｜新台幣380元
二版一刷｜2025年07月

本書若有缺頁、破損或裝訂錯誤，請寄回更換
Printed in Taiwan

國家圖書館出版品預行編目資料

每天都想吃的正餐沙拉: 52道主廚私房料理X34款特調醬汁,當季食材變化出你的專屬美味 / 南政錫著；陳聖薇譯. -- 二版. -- 臺北市：悅知文化 精誠資訊股份有限公司, 2025.07
　面；　公分
ISBN 978-626-7721-16-2 (平裝)
1.CST: 食譜

427.1　　　　　　　　　　　　114007564

著作權聲明

本書之封面、內文、編排等著作權或其他智慧財產權均歸精誠資訊股份有限公司所有或授權精誠資訊股份有限公司為合法之權利使用人，未經書面授權同意，不得以任何形式轉載、複製、引用於任何平面或電子網路。

商標聲明

書中所引用之商標及產品名稱分屬於其原合法註冊公司所有，使用者未取得書面許可，不得以任何形式予以變更、重製、出版、轉載、散佈或傳播，違者依法追究責任。

版權所有　翻印必究

매일 만들어 먹고 싶은 식사샐러드: 샐러드니까 쉽다, 셰프의 비법 레시피라 맛있다, 한 끼 식사로 충분한 샐러드만 모았다!
Copyright ⓒ2022 by Nam Jeong Seok
All rights reserved.
Original Korean edition published by Recipe factory.
Chinese(complex) Translation rights arranged with Recipe factory.
Chinese(complex) Translation Copyright ⓒ2023 by SYSTEX Co., Ltd.
through M.J. Agency, in Taipei.

悅知文化
Delight Press

線上讀者問卷　Take Our Online Reader Survey

養成健康習慣，是將沙拉視為生活的一部分。

——《每天都想吃的正餐沙拉》

請拿出手機掃描以下QRcode或輸入以下網址，即可連結讀者問卷。
關於這本書的任何閱讀心得或建議，歡迎與我們分享 ☺

https://bit.ly/3ioQ55B

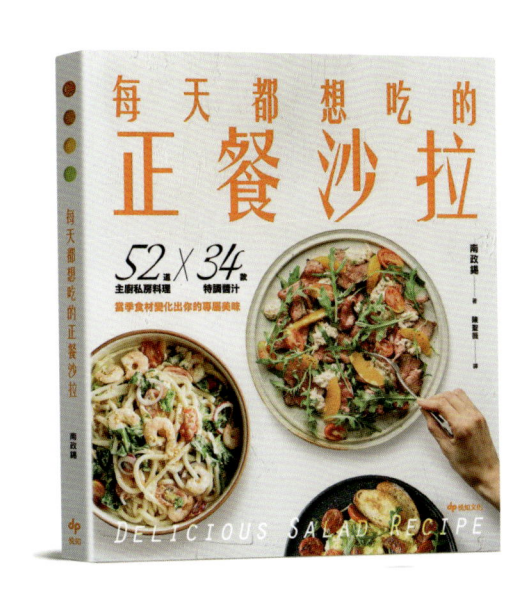

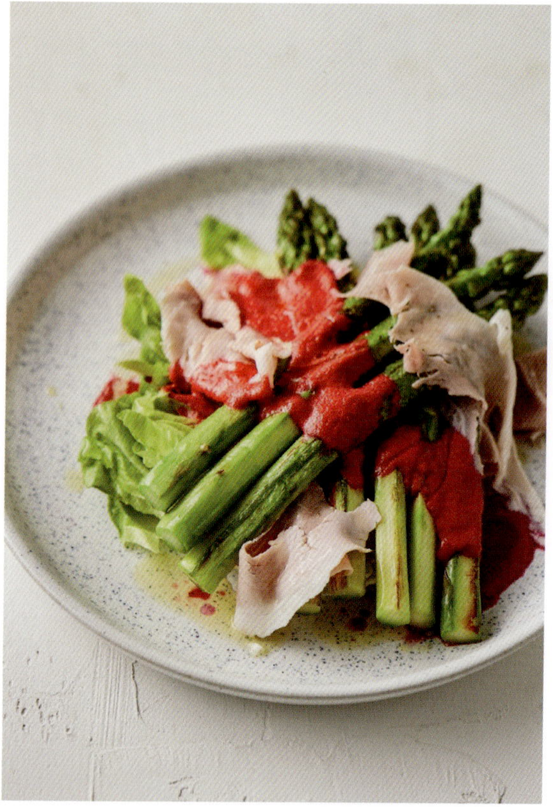